感 受 时 光
廿 四 节 气 文 化 品 读

狄赫丹　著

山西出版传媒集团 三晋出版社

春雨惊春清谷天，夏满芒夏暑相连。秋处露秋寒霜降，冬雪雪冬小大寒。

养护文化长城的根基（代序）

张石山

　　狄赫丹先生和我是多年的知交。我们不仅同是文字中人，抑且作为山西土著，对我们生活的这片土地、对这片土地上葆育的厚重传统文化，因着血肉联系而有入骨的了解。基于涵泳其中冷暖自知的了解，对传统文化而能有所理性认知。在充分了解认知的基础上，对其怀有一种脉脉的温情与深深的敬意。

　　新近，赫丹先生倾情创作，完成了一部关于我们中华农耕文明特有的二十四节气的文化专著。这部专著，不是那种苍白干瘪的常识堆砌，更没有卖弄什么文抄公的掮客把戏。行文中满是温馨的早年记忆和过来人的深切体悟，笔触优美，情感真挚，详尽介绍并热烈歌赞我们有关传统文化的精彩作品。

　　近代以来，仗恃利炮坚船，强势的欧洲中心主义几欲横行全球。继日本脱亚入欧改用所谓公历之后，大中华自民国起，师学日本，易服改制，发布政令，采用了公历纪年。公元一月一日，定名"新年"，称作元旦。中国人过了数千年的"年"，改称"春节"。

所谓公元，严格说来应是"西元"。以基督教传说的耶稣生年为起始元年。堂堂大中华，文明古久，史籍明确纪年连绵不绝至少有三千年，何以要屈从奉行他国他人纪年法？老百姓管不了那么多，政令下达，谁也无可如何。中国采用公历纪年，说来已然使用了一百多年，大家也就渐渐习惯了。况且，中华文明胸襟开敞，有容乃大，吸纳容涵，公历纪年又可方便国际交流，仿佛世界大同见了一斑。

但一百多年过去，公历年任他叫作元旦，中国年任他改称春节，亿万老百姓过年，在心理上和事实上，在习俗上和文化上，过的还是传统的年。没有政令号召，也没有政策鼓励，没有倡导振兴，也没有列入"非物质文化遗产"来保护，曾有的倒是"大破四旧"的疯狂摧毁和"过革命化春节"的大型闹剧，中华传统，年味不改。仅此一例，足以见出中华文明的浩瀚博大、厚重强韧。

中华文明是人类文明史上的奇迹，是唯一的数千年不曾断裂的伟大文明。她不是博物馆里的珍藏，她不是滔滔万言的高头讲章，她是从远古流淌至今的文明之河，她是滋生滋育的文明母体。她经历过人类文明史上最酷烈的考验，她经受过异质文明的冲击、挤压和渗透。尤其是近代以来，中国的一些政治和文化精英们师学日本、苏俄和西方，扭回头竭力诋毁摧残中华文明，事实俱在、史实昭昭。是中华文明养育的亿万老百姓，自觉不自觉地坚守了这一文明。亿万人的坚守，筑成了永远坚不可摧的中华文明的长城。

公元纪年，大家约定俗成叫它是阳历年。阳历，或曰"洋历"，当然是太阳历。以地球公转绕日一周为一年。但因之又将中华之年称作了"阴历年"，这便是一个巨大的误会了。

相对于太阳历，纯粹的太阴历是有的。比方伊斯兰教国家所采用的"哈吉来历"。太阴历以月球公转绕地球一周为一个月，即严格的朔望月。说到朔望月，中国人使用了数千年，简直是太熟悉、太亲切了。

朔望月，初一完全看不到月亮，而十五一定是满月。月亮悬像于天，老百姓对于一个"月"，因之有了最直观的概念。一个月当中，和月相有关的纪日民谚俗语有很多。比如"初三初四，月牙挑刺"，"初八是弓，十五是饼"，"十七十八，人定月发"，"二十数二三，天明月正南"，"二十四五，月亮上来鸡吼"，等等。

一个朔望月，月亮环绕地球公转一周，实际时间是 29.5 天。一年十二个月，一年的天数便是 355 天左右。上面所说的太阴历如哈吉来历就是这样的。但如此一来，太阴历的年，比起太阳历的年，每年要相差 10 天左右。大致三年，便要相差一个月。因之，伊斯兰教国家过年，有时就过在了夏天。

中华文明，是农耕文明托举起的古老辉煌文明。如果纯粹采用太阴历，一定会造成四季紊乱，违背"春种秋收"的农时节令，后果将是灾难性的。"尧之时，十日并出"，可能说的便是这样的灾难。"后羿射日，嫦娥奔月"的远古神话，折射出的或许正是一场伟大的历法变革。

我们伟大的先民圣贤，日影测竿，确定了冬夏二至，发明了二十四节气。从冬至阴极阳生到夏至阳极阴生，正是一个严格的太阳年。一个太阳年，划分出与农耕生产密切相关的二十四节气。二十四节气，成为中华传统文化的极具标志性的符号。

太阴历与太阳历如何使之有机统一起来？天才的先民发明了"置闰"之法。十二个朔望月下来，一年要比太阳年少大约十天的样子，差不多三年会少一个月，老百姓耳熟能详的"十九年七闰"，说的正是置闰的规律。依照太阳年的严格而四季分明的周期，春种、夏管、秋收、冬藏一系列农耕活动，则运用二十四节气来分割掌控。

既严格采用了月相分明的朔望月，又严格遵奉了二至限定的太阳年，全人类唯有我们的夏历——从夏朝就开始使用的历法，是最科学的历法。中华文明，天人合一，她是东方伟大的理性精神的体现。

西方殖民主义，奉行丛林法则，弱肉强食，以力争胜。欧洲文明至上的逻辑，必欲消灭其他任何别种文明。在东方，在东亚版块，他们遇到了真正的对手。最后胜负的尘埃远未落定，但百年大势正愈来愈分明。他们主观上的文化倾轧，不得不转化为客观上的文化碰撞和文明互动。中华文化的长城，坚不可摧。华夏文明，仁者无敌。这种文明，静穆和煦，宽厚仁爱，必将赢得全人类的尊重。

迎送了一个个中华年，我们的成长刻满了年轮；年年经历二十四节气，我们时时沐浴着华夏文明的恩泽。

我们是中华土著，我们来自民间。这是我们的命定，更是我们的幸运。

中华文明滋养了我们，回馈与养护我们的母体文明是我们义不容辞的责任。

狄赫丹先生写出这样一本著作，令人感奋，给人信心。

文化长城哪怕仅仅剩下一段残墙，在那根基上长城都将能够重建。况且，我们的文化长城巍巍不倒，她的生生不息的子民正在奋力添砖加瓦。

是为序。

夏历丁酉年 立春
公元 2017 年 2 月 4 日

目　录

秋

冬

春

立春 · 雨水 · 惊蛰 · 春分 · 清明 · 谷雨

节气之首·立 春

　　二十四节气，是中国人诗意栖居的创造，是我们的祖先在漫长的农耕社会里，贡献于世的特有的伟大发明，是古代先民长期观察研究天文、气候、物候的结晶，具有很高的科学价值。从秦汉起，两千多年来，我们一直依据它安排农事和生活，直到今天，仍相沿使用。然而，随着现代文明的高度发达，跟我们生活密切相关的二十四节气渐渐被淡化，甚至于遗忘。尤其生活在城市的人们，对天地万物的美丽曼妙早已缺乏感知，就连在城市务工的农村年轻一代也在奔波忙碌的快节奏中忽略了物候节令……

　　我们还能找回先人们留给我们的物候节令吗？我们该怎样传承祖先留给我们的这份世间独有的遗产？在今天这个光怪陆离、瞬息万变的时代，请让我们的内心安静下来，放慢行色匆匆的脚步，在四季轮回岁月流转中，领悟天地变化，体察衣食物候，感受时光之美。

"春雨惊春清谷天，夏满芒夏暑相连。秋处露秋寒霜降，冬雪雪冬小大寒"。这首节气歌，在儿时就反复吟诵。今天，让我们在新的一年开始之际，从立春出发，依季候而作，在重新吟诵节气歌的民谣里，找回生活瞬间的微妙幸福，体会阴晴雨雪、花开花落的人间好时节。

农历是我们祖先的发明创造，已运用了几千年。"二十四节气"是先人根据黄河中下游流域的气候特点，创造出的作为一种用来指导农事的补充历法。

立春是二十四节气之首，中国古代民间都是在"立春"这一天过节，相当于现在的"春节"，而农历正月初一称为"元旦"。公元1911年，孙中山领导的辛亥革命，推翻了清朝的统治，建立了中华民国。各省都督代表在南京开会，决定使用公历，把农历的正月初一叫作"春节"，把公历的1月1日叫作"元旦"。到孙中山于1912年1月初在南京就任临时大总统时，为了"行夏正，所以顺农时；从西历，所以便统计"，定农历正月初一为春节，改公历1月1日称为岁首"新年"，仍称"元旦"。

农历和二十四节气，作为祖先留给我们独有的这份遗产，我们应当用心守护才是。那么，我们就从二十四节气的第一个节气立春说起吧。

立春，作为四季轮回周而复始的开端，表明春天来了，新的时间又开始了。《月令七十二候集解》中说"立春，正月节。立，始建也。五行之气，往者过，来者续。于此而春木之气始至，故谓之立也。立夏、秋、冬同。"

一年之计在于春，立春是开始，是万象更新。按公历，立春一般在 2 月 4—5 日之间，这时太阳到达黄经 315°。2016 年立春的交节时刻是公历 2 月 4 日，即农历十二月廿六 17 时 46 分。

在乡间，立春也叫"打春"。我对立春这个节日有印象，是始于我当知青插队时。那时候，常常在十冬腊月、年关前后会听到乡亲们拉呱说，再过一天或者两天就该"打春了"，那时根本不明白"打春"跟整日的农事劳作有何关系。有时候，见村中老人们袖着手在街边墙脚"晒老爷儿（晒太阳）"，你一言我一语的闲扯说，"打春"时在地下挖坑虚土，然后往虚土上插一根鸡毛，每到打春的那一刻，鸡毛就会抖动一下甚至从土地里弹出来……我曾想亲自试验一下，遗憾的是一直到返城工作乃至今天，这么些年过去，也一直未了这个心愿。随着时光的推移，我却宁肯相信这是真的。是的，在此后岁月流转的平淡日子里，我慢慢体会出，乡村老人们的这个说法，意味着立春的那一刻，大地深处正酝酿着浩大的生机，大地苏醒了！

虽然在广袤的北方，仍然冰天雪地，但立春，是一年中的第一个节气，从天文意义上讲是春天的开始。从这一天一直到立夏，是为春季。

古代将立春的十五天分为三候："一候东风解冻，二候蛰虫始振，三候鱼陟负冰。"说的是东风送暖，大地开始解冻。立春五日后，蛰居的虫类慢慢苏醒，再过五日，河里的冰开始溶化，鱼开始到水面上游动，此时水面上还有没完全溶解的碎冰片，如同被鱼负着一般浮在水面。

立春三候中，东风是中国人理解的八风之一。即四时八节之风。

何谓四时八节？四时乃春夏秋冬四季，八节乃立春、春分、立夏、夏至、立秋、秋分、立冬、冬至。在史书《易纬通卦验》记载中，关于四时八节之风有这样的表述："八节之风谓之八风。立春条风至，春分明庶风至，立夏清明风至，夏至景风至，立秋凉风至，秋分阊阖风至，立冬不周风至，冬至广莫风至。"这是从时间上定义。从空间上定义，八风是四正四隅的八方空间之风："东风叫明庶风，南风叫景风（亦名凯风），西风叫阊阖风，北风叫广莫风，东北风叫条风（又叫荣风），东南风叫清明风，西北风叫不周风，西南风叫凉风。"时空统一，东风指的就是春风。在八风之中，东风于我们最为亲切，也最受欢迎，常常预示着新事物和新风气的来临。李贺的"东方风来满眼春"诗句，曾被用作 1992 年初邓小平南巡的报纸标题，随着这一意义深远的大事件，以此作标题的诗句也远播国内外。还有《九歌·山鬼》中："东风飘兮神灵雨"，苏轼的"东风知我欲山行，吹断檐间积雨声"，辛弃疾的"东风夜放花千树"……东风寓意着生机和活力，也因此在我们的生活中就有了许多"东风"品牌的产品。

东风吹来之际就是春天来临的信号，我们都感觉到了。

自然无语，大地不言，但它们却用这样一种方式告诉我们，万物正在无声无息中萌动，我们留意观察，这该是怎样一幅周而复始的美妙图景。

的确，从立春之日起，天空地上都将出现新景象。只是这季节更替的新景象让人在眼花缭乱、目不暇接的科技产品面前失去了对四季轮回的感知。

我不清楚，如今生活在城市的人们还有没有往日的浪漫情怀：在漆黑的夜晚辨识星空，在满天的繁星下无边想象？请给自己一个短暂的空隙，让我们从电视机前移开视线，从低头看手机屏幕中抬起头来，将目光越过璀璨的街灯仰望夜空——

如果你有兴趣，便可发现从立春这天开始，那些星辰在不知不觉中变换了位置。比如我们人人都熟悉的北斗星，那斗柄由北指转向东指，正应了一句古语："北斗东指，天下皆春。"再看大地之上，则开始生机勃发。民谚说："立春一日，水暖三分"，"立春三日，百草发芽"。东风吹来，河水解冻，蛰虫苏生，草木渐渐长出嫩芽，而在南方过冬的候鸟，就如蒙古歌曲《鸿雁》中唱的，正翘首北望，带着思念，准备"北归还"呢！春天，是充满生机的季节，立春，是充满希望的节气。

古时，立春之日民间有"鞭春""打春"的习俗，就是鞭打用土做的春牛，人们用这种方式表达对新一轮农业周期五谷丰登的美好愿景。

一年之计在于春，一春之计在立春。人们很早就格外看重立春这个日子。人们习惯把立春叫作"打春"，缘于立春日的鞭打春牛风俗。在中国两千多年的立春节日发展史上，春牛一直是一个不可或缺的重要角色。"周公始制立春土牛，盖出土牛以示农耕早晚"。足以说明其历史之久远。在中国的阴阳理论中，牛为土畜，土能胜水，故能驱除阴气。

旧时立春的节日活动，主要有迎芒神、迎春牛和鞭春牛。

芒神，就是句芒。句芒为春神，即草木神和生命神。《山海经》

中这样描绘句芒："东方句芒，鸟身人面，乘两龙。"句芒的形象是人面鸟身，执规矩，主春事农耕。太阳每天早上从扶桑上升起，神树扶桑归句芒管，太阳升起的那片地方也归句芒管。这位神话中的天神因为主管春事农耕，因而深受人们敬仰。

在民间，句芒的形象有明确的规定，体现了中国的农历特点，如句芒身长三尺六寸五分，象征一年三百六十五天；鞭长二尺四寸，象征一年有二十四个节气。句芒站立的位置，也要根据五行的干支和阴阳年确定。年份尾数是奇数就是阴年，尾数是偶数就是阳年。阳年，句芒站在春牛左边；阴年，句芒站在春牛右边。句芒有时还手执彩鞭。这时的句芒，被唤作"芒神"，既是春神，又兼有谷神的职能。民间一年的农事，尽在句芒的掌握和安排之中。

在周代就有设东堂迎春仪式，说明祭句芒由来已久。由于鞭春牛与迎芒神的活动接近，到宋代将之合并为立春日的"打春"活动。打春，向为历代帝王重视，至唐、宋两代甚为盛行，尤其是宋仁宗颁布《土牛经》后，使鞭土牛风俗传播更广，成为民俗文化的重要内容。

立春日，古代帝王要举行隆重的迎春大典。两千年前成书的《礼记》中，就有这样的记载："先立春三日，太史谒之天子，曰'某日立春，盛德在木'。天子乃斋。立春之日，天子亲帅三公九卿诸侯大夫，以迎春于东郊。还反，赏公卿诸侯大夫于朝。"这种活动影响到民间百姓，使之成为后来世世代代的全民的迎春活动。宋代的《梦粱录》中记载："立春日，宰臣以下，入朝称贺。"这说明，迎春活动已经从郊野进入宫廷，官员互拜，祝贺春天的来临。而有关"打春"的记载，清代更显得隆重。清人的《燕京岁时记》中也记载："立春先一日，顺天府官员，在东直门外一里春场迎春。立春日，礼部呈进春山宝座，顺天府呈进春牛图，礼毕回署，引春牛而击之，曰打春。"另外，清人让廉撰写的《京都风俗志》中也有记载："立春之仪前一日……迎春牛芒神入府署中，搭芦棚二，东西各南向，东设芒神，西设春牛，形象彩色，皆按千支，准令男女纵观，至立春时……众役打焚，故谓之打春。"然后，人们将春牛的碎片抢回家，视为吉祥。

在传统的农耕社会，这样源远流长的风俗传承，本不足为怪。立春之日，京城官府这般隆重，而各地方官也莫不如此。

既然是千百年来的一种文化传承，长治地区的节气风俗当然也不例外。查阅史料得知，史称潞安府的长治地区，古代流传下来的迎春和打春习俗，清时仍然流行。那时，每逢立春日早晨，潞安知府和长治知县会亲率僚属，驾着装有核桃、柿饼、大枣等干果的纸春牛，抬着一张供桌，上面陈放猪、羊、饼等供品，敲锣打鼓，到郊外一定地点设祭焚香，举行迎春典礼。礼毕，用棍棒将"春牛"打破，这就是所谓"打春"。"春牛"破毁，干果纷纷落地，任围观百姓拾取。当时流行的应节食品有春盘、春饼等。

至民国年间，"春牛"、春盘、春饼均逐渐消亡，县府只迎春，不打春。但盛行商家出行的风俗。出行，又叫接喜神，是祈祝生意兴隆、财源亨通的一种仪式。立春日早晨，商家纷纷出动。各自抬上供桌，携带一个钱褡，里面装若干制钱，锣鼓喧鸣，到既定地点设祭。祭毕返回，沿途燃放鞭炮，不时抛撒一把制钱，听凭路人哄抢，那场景自然十分热闹喜庆。

时至今日，这样的节气风俗仪式虽然消失了，但立春时节，人们祈求五谷丰登的愿望还深深烙印在心里，因为，这个节气依然与我们的生活密切相关，只是从外在的形式转为内心的祈愿。

在民间，百姓则在立春日喝春酒、吃春饼、打春牛，一些地方还有"咬春"的风俗，吃个生萝卜，消食防病。千百年形成的风俗，有些至今还在乡村沿袭，成为一种立春文化。而比这种喝春酒，吃春饼，"咬春"更盛大的节日——春节就在立春节气中隆重登场。

春节是华夏儿女普天同庆的节日。在春节期间，过去的人们有一年中最为丰盛的吃喝，但也有诸多最为讲究的禁忌，这里就不一一展开叙述了。那些在腊月里怀揣喜悦办年货、除旧布新、写春联贴门神、除夕守岁和大年初一给长辈拜大年等诸多礼仪，一直都渗透在我们的血液里，是我们满怀期待走向又一个春天的精神动力。

立春，表示着一年农事活动的开始，广大农民朋友将作各种春耕的准备，虽然，随着科技进步、塑料大棚的出现，突破了播种和收获的季节限制，但在广大的乡村，人们依然会跟着节令的步调春种秋收。

古往今来，立春日，已经不仅仅限于农业节气，更渗透了中国人对自然的体察以及对人生的感悟。立春，一切才刚刚开始。民谚说：春打六九头。立春过后，东风徐来，漫过原野，大地将渐渐丰盈，人们的日子也愈发生动鲜活起来。

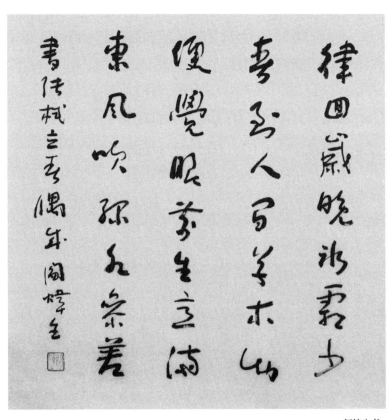

阎炜生书

立春偶成 （宋）张栻

律回岁晚冰霜少，春到人间草木知。便觉眼前生意满，东风吹水绿参差。

喜雨初降·**雨　水**

　　雨水，是二十四节气中的第二个节气。第一个节气立春过后，接下来就是过春节闹元宵，在一派欢乐祥和中，雨水节气就到了。

　　如果说立春是春天的"序曲"，只是刚刚春意萌发，还会乍暖还寒的话，那么雨水便进入了春天的第二乐章"变奏"，人们会明显感到田野一片生机，正是"九九歌"中的"七九河开、八九雁来"时节，广大农民快要闹春耕了。

　　每年的 2 月 18—20 日，多半是农历正月十五前后，不知不觉间太阳到达黄经 330°的位置。2016 年雨水交节时刻是 2 月 19 日，也就是农历正月十二的 13 时 33 分。

　　雨水将交节，便有春雨来。大年初五的第一场春雨，给这个节气做了最好的注解——绵绵的春雨几乎下了一天，令沉浸在过大年中的人们倍感喜悦：春日寒雨，细密缠绵，随风入夜，润物无声。

春天，犹如一个撑着油纸伞的姑娘，踏着春雨滴滴答答的节拍，正赶着雨脚儿款款走来。

虽然接下来的两天大风降温，可凉浸浸的春风还是禁不住让人想透透地大口呼吸。

年年二十四节气，一年一个雨水节。经历了许多个雨水节气的轮回，最让我难忘的是1992年的雨水节气。那年刚过罢元宵节，长治日报社策划的"太行太岳行"骑自行车山老区采访活动便按预定时间出发。我有幸参加了这次历时三个月深入山庄窝铺、深入老区群众中的游击式采访。其实我想说的是出发前老社长董志智写给我们四名年轻记者的一封信，信中引用了唐代韩愈《早春》一诗："天街小雨润如酥，草色遥看近却无。最是一年春好处，绝胜烟柳满皇都。"信中他用这首诗反复叮嘱我们要学古人，像观察初春草色萌绿那般，用心体察百姓生活，"深入深入再深入"，深入到革命老区群众的底层生活中，写出反映群众心声的新闻报道。如果我没有记错的话，那年的雨水交节应该是正月十六。

雨水节令我们"太行太岳行"出发上路。

从那时起，我自己便在实践与学习的"雨水"的滋润下不断成长。

现在，我们再回过头来说说雨水节气的物候。

据史料记载，西汉年初，雨水节气排在"惊蛰"之后，是农历二月的节气。到西汉末年，才排在了"惊蛰"之前，成了正月的节气，并沿用至今。这样排列，自然是有其科学道理的。

古代将雨水分为三候（一候五天）："一候獭祭鱼，二候鸿雁来，三候草木萌动。"意思是说，水獭开始捕鱼了，捕得太多以至于摆在岸边排起来，五天后大雁开始飞回北方，再过五天，在润物细无声的春雨中，草木随地中阳气的上腾而开始抽出嫩芽，大地开始呈现出欣欣向荣的景象。五代齐己有《野步》诗，其中"田园经雨水，乡国忆桑耕"句，就是描述这一场景。

交了"雨水"，意味着冰雪将去，春水将至，雨水渐渐多了起来。正如《吕氏春秋》所说："天气下降，地气上腾，天地和同，草木繁动。"如同"立春"一样，"雨水"也是一个喜庆节令。因为这个节气与农民、农业的关系实在是太密切了。雨水节期间，大部分地区气温回升，降水量比上个节气有所增加，油菜、冬小麦开始返青生长。如果一冬雨雪偏少，雨水节气正是浇灌返青水的时候，同时广大农民朋友也准备投入到压耙保墒、培土送肥、选择优种的备耕农事中。这样的时节，如恰逢春雨绵绵，那就是再好不过的事情，正应了这样的民谚："雨水有雨庄稼好，大春小春一片宝"、"正月里，雨水好；二月里，雨水宝"。

的确，雨水对于人类，对于大地，对于万物，皆是甘霖。于是自古以来，人们便祈求风调雨顺，并传诵着许多美丽动人的故事。传说，"神农氏治天下，欲雨则雨"，"周公太平之时，雨不破块，旬而一雨，必以夜"。想要雨，天就下雨，十天下一场及时雨，还在夜间下，这样的太平世界，真是太美妙了！这些传说，都堂而皇之地载入了史册。可是，现实生活哪有传说的这般美妙，现实常常有旱涝灾害的发生。在古时，由于科学不发达，人们只好祈求神灵，还想出许许多多"祈雨"的办法，如晒龙王、盗龙王、祭关公，以及抬着神像巡游，等等，这样的故事小时候我们听过不少。随着生产力的发展和农业科技的不断进步，由打机井，建水库，修渠筑坝进化为喷灌、滴灌等节水灌溉方式并大力普及，科技大棚、塑料大棚正方兴未艾，庄稼植物对水的需求，在某种意义上实现了由人控制，祖辈们"祈雨"的场景早已消失在人们的视野之外，成为我们对历史风俗的一种缅怀。

当然，我们也记得跟雨水节气有关的一些习俗，这些习俗在小时候就听老人们一遍遍叮嘱过。雨水大都在元宵节前后，人们在红红火火闹元宵时，总怀着对一年风调雨顺、五谷丰登的美好祝愿。因此，在欢乐闹元宵的民俗风情里，各地都有一些说法和禁忌，特别是上党地区的广大乡村。在过去，正月十五元宵节村村放花灯时，要留意看灯花会是什么样子，据说由此可以看出当年收成好坏，灯花又大又好看就预示着要丰收，所以人们做灯芯时往往想方设法做得又粗又长，以使其能结出大而好看的灯花。

元宵节不止在晋地，同时也是全国范围内一个盛大的民间节日。元宵节民间俗称较多，有"上元节"、"元夕节"之称，大多数干脆叫闹元宵。这个节日的起源已有两千多年历史，史料载，东汉永平年间，明帝为提倡佛教，于上元夜在宫廷、寺院"燃灯表佛"，令士族庶民家家张灯结彩。此后相沿成俗，成为民间盛大节日之一，也是春节后的第一个重要的节日。

雨水逢元宵，人间乐陶陶。元宵节闹元宵，就节期长短而言，汉朝是一天，到了唐朝已经定为三天，宋朝则长达五天，明朝时间更长，自初八日点灯，一直到正月十七夜里才落灯，整整十天。由此看来，宋朝不仅是一个艺术巅峰的朝代，就民间多彩的生活也无与伦比。遥想一下，假如时光到流，作为一个宋人，或许此刻正徜徉在元宵节日的开封城中，御街之上人流络绎，万盏彩灯垒成灯山，看人们载歌载舞："游人集御街两廊下，奇术异能，歌舞百戏，鳞鳞相切，乐音喧杂十余里。"面对这等非凡的热闹场面，我或许正在熙攘的人群中踮起脚尖伸长脖子看这百般稀罕呢！入夜灯烛齐燃，在鼓乐齐鸣的京都御街上，我可是那个满心欢喜举目摇头赏灯猜灯谜的志学少年吗？

然而时至今日，有多少启迪儿童心智的风俗散落在历史的风烟中。我所能记得的，是小时候元宵之夜骑在父亲的脖颈上观花灯看热闹的情景。元宵之夜，骑在父亲的脖颈上，跟着摩肩接踵的人流一路走过，耳边鼓乐唱声不绝，眼花缭乱中煞令人目不暇接:放烟火、耍龙灯、踩高跷、舞狮、耍拳和跑旱船，而最有意思的就是看"二鬼摔跤"和猜灯谜。这些一年中只有元宵节才有的热闹，至今印象深刻。如今的元宵夜虽然还有花灯，而且有些花灯越做越豪华，但却总也找不回儿时的意趣。只有一首童谣还时时在耳边响起，每每默念，似乎又找回在父亲脖颈上的那份温暖和快乐："正月里，正月正，正月十五闹花灯，花灯花，花灯红，花灯红红好年景……"

一首童谣没及念完，人已长大。多少年过去，那样的情景却总是在脑海中萦绕。

不知是不是巧合，每年雨水节气逢元宵节日，总给人一种五谷丰登的盼望：人间红火热闹，老天雨雪凑趣。因此有民谚说："正月十五雪打灯，一个谷穗打半升。"这是好兆头啊！

雨水节气，恰好在正月期间，故各地传统民俗活动很多。还有正月初十夜传说是老鼠嫁闺女之时，家家户户都不许点灯。因为老鼠办喜事喜欢在黑暗之中进行，一遇光亮便只好中断。一旦中断了，人们相信老鼠在整个一年当中随时都会向人类施行报复，让人不得获取丰收。而将老鼠嫁闺女这一民俗演绎得活灵活现的是潞城市贾村的年俗活动——正月初十，贾村的村民们在锣鼓声中各自扮装，投入到"老鼠嫁闺女"的情景中去。其内容大意是这样：一个老鼠长辈要待嫁的闺女抛绣球挑选如意郎君，突然来了一只大黑猫，吓跑了所有的老鼠，一只聪明的小老鼠引开了大黑猫……老鼠长辈就思忖着要给闺女找个强大的女婿，一来不怕大黑猫，能保护自己的女儿，二来能保护自己的族群。选来选去，觉得太阳最强大，万物离不开太阳啊，便想让太阳当女婿，这时飘来一片云遮蔽了太阳，老鼠长辈又觉得云最强大，就又想选云当女婿，恰在此时刮来一阵大风，将云朵吹散，老鼠长辈觉得原来风是最强大的；大伙儿为避风就躲藏在墙壁下，老鼠长辈又想墙能挡风应该最强大，可就在这时，那只引开大黑猫的小老鼠把厚厚的墙挖了个洞……老鼠长辈最后选定小老鼠作了女婿。

世间万物，相辅相成，相克相生。正所谓尺有所短，寸有所长啊。

潞城贾村的村民们演绎"老鼠嫁闺女"这个像童话一样的年俗活动，让我们明白这样一个道理：世界上没有最强的东西，适合你的便是最好的！

大家可能会说，这个故事跟雨水节气没什么关系啊！其实不然，雨水节气往往都在正月初十前后，雨水节气期间演绎这样一个包含哲理的民俗活动，其中的道理会如绵绵春雨一般沁入人们的心田。

是啊，所有的节日民俗都包含着哲理，代代相传，像这样形象地演示给我们做人的道理和恪守本分的民俗不在少数。而雨水节气里的"填仓节"，则承载着对丰收的寄托。这个正月里最后的节日，同许多节庆一样，包含农人们最朴素的情感和对风调雨顺的企盼。

农历的正月二十五是填仓节，填仓节因"填"与"天"谐音亦称为天仓节。填仓，意思为填满谷仓。这一天，各家要往仓房囤子里增添粮食，意喻着增加收成。填仓节寄托了人们对于粮食丰收的良好愿望。谚语说："填仓不填仓，先要添满缸。"旧时，填仓节除了往囤里填粮食，家家还要先把水缸挑满水。水，意味着财富，水缸满则寓意财源广进、风调雨顺。

正月二十五的填仓节，上党地区乡间还有一种极具地域特色的风俗。"老填仓"这天一早，家中主妇会早早预备下一些纸扎和贡品放在竹篮里，到村外的土地庙里上香。上香回来后用发好的面再掺上玉米面开始蒸馍馍，"老填仓"这天不多蒸也不少蒸，只蒸十二个。每个馍馍代表一个月份，上面用指头按出相应数目的小坑以记月份。等馍馍蒸熟了，一家人会过去围着蒸锅看，哪一个馍上面小坑里积水多，就预示着相对应的那个月的雨水多，反之，就预示那个月的雨水少。

不知这样的习俗起源于何时，但农人们对滋润万物的雨水的祈盼，却是这般纯朴而虔诚。

这样的一种仪式，今天想来依旧觉得十分可爱。

天一生水，东风解冻，散落为雨。在这个一看到雨水两个字眼，就心生温润的节气里，让我们走出门户，到旷野里感受"草色遥看近却无"的朦胧，感受绿意一点点从下往上、如绿雾般弥漫开去的生动。

雨水节气，该落一场雨才对。

雨水节气逢春雨，在绵绵细雨里，回看时光的倒影，体悟岁月的余味，也试着找回我们的乡愁。

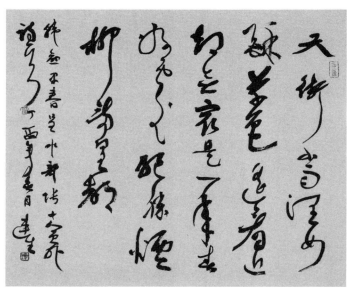

张连生 书

早春呈水部张十八员外　　韩愈（唐）

天街小雨润如酥，草色遥看近却无。最是一年春好处，绝胜烟柳满皇都。

春雷始动·惊 蛰

　　正月元宵节闹社火的锣鼓声还未散尽，惊蛰节气转眼便到跟前。时光流转，环环相扣，节令不等人，正所谓人勤春早哪！

　　惊蛰，古称"启蛰"，是二十四节气中的第三个节气。因何将"启蛰"改为惊蛰？汉朝第六代皇帝汉景帝名刘启，据说当时人们为了避讳，将"启蛰"改为"惊蛰"。不想这一改，一个活生生的节气竟更加形象地立在人们眼前。"启"与"惊"虽字意相同，但"惊"字更响亮生动，所以惊蛰便一直沿用至今。惊蛰节一般在公历3月5-6日之间，2016年惊蛰交节时刻是公历3月5日，即农历正月二十七日的11时43分。这时太阳到达黄经345°。惊蛰为"二月节"，即二月的节气，但实际上它不一定都落在农历二月，如2016年惊蛰就落在正月。

　　惊蛰节的出现，很久远了，至少有两千多年。汉时成书的《淮南子》在《天文训》篇中，就将惊蛰排在了雨水之后，做为仲春的第一个节气了。

寻思起来，惊蛰节气是这般的与众不同。

由惊蛰联想到二十四节气，每个节气的名字起得很有意思。细细感受，自有一番意境包含其中。你看，每个节气都是两个字，简洁，平和，在所有用动词标识的节气名称中，比如立春立秋的"立"，夏至冬至的"至"，或处暑的"处"，霜降的"降"，无一不是平和、客观、中立地表明节气到来的意思，是一种诉说而已。唯一富有动作感和感情色彩的，是惊蛰。一个"惊"字，凸显这个节气的来头与气势与众不同，有一种天地惊雷、令人惊醒的意思在内。

《月令七十二候集解》在说到惊蛰节时，这样写到："二月节……万物出乎震，震为雷，故曰惊蛰，是蛰虫惊而出走矣。"惊蛰时节开始有雷，蛰伏的虫子听到雷声，因受惊而苏醒过来，结束了漫漫的冬眠。我们不妨看看古代人们对惊蛰物候的记载。古时将惊蛰15天分为三候："一候桃始华，二候仓庚鸣，三候鹰化为鸠。""桃始华"即桃花开放，"仓庚鸣"即黄鹂开始鸣叫，古人认为动物之间会发生变化，看到鹰少了，鸠（这里指布谷鸟）多起来，就认为是"鹰化为鸠"，总之惊蛰是到了桃花盛开、黄鹂鸣叫、布谷鸟飞来的时节了。惊蛰时节，"草木纵横舒"，伴随着隐隐春雷，下过几场淅淅沥沥的春雨之后，"一场春雨一场暖"，桃花开得如霞似锦，在风中，在雨里，展现它的妩媚；黄鹂用歌声表达它的喜悦和激情，叫声越来越热烈；喜好捕杀的老鹰被春色感染，变得像布谷鸟一样温柔起来。

这样的说法代代相传，这样的情形年年轮回，千百年间在中国的土地之上乡村之中流传至今，令人满怀期待。

我想起当知青插队时，每逢惊蛰节令到来，村里的乡亲们便会念念有词，教我记住一些民谚说法："春雷惊百虫"、"一声春雷动，遍地起爬虫"、"不用算，不用数，惊蛰五日就出九"。五年的插队生涯，印象深刻的总是闹罢元宵，刚交惊蛰节令，便脱下过年的新衣，小心翼翼地叠好放起，开始往生产队的地里送粪。有一年过罢元宵节，赶着生产队那头不听话的大青骡送粪，结果骡子受惊，拉着粪车一路惊窜，车翻了不说，一车囤粪也洒在崎岖的山路上；还有一次，赶着粪车上一个窄窄大坡时，大青骡脚底一滑，钉了铁掌的骡蹄子一下踩到我的右脚面上，当时脚便肿胀起来，疼得我瘫倒在地头哇哇大哭。大青骡的这一蹄使我在炕头足足躺了二十多天……这么多年过去，往事历历，记忆犹新。每逢惊蛰我便会想起这些往事，这个节令与我的青春过往紧密相连，它让我有了一点点回忆青春岁月的资本。从那时起，我就对这个蛰伏的虫子被雷声惊醒、勤劳的乡亲们开始下地劳作的惊蛰节气记得比较牢靠。

二十四节气的名字都有所表示。有的表示气候，如雨水、大暑等；有的表示季节，如立春、立夏等。而惊蛰还是二十四节气中唯一一个以动物习性表示的节气。这个以惊醒各种昆虫的节气，也预示着一年耕作自此始啊。

由气象联系到物候，再联系到农耕，是古代先民的一大贡献。《礼记·月令》在谈到仲春时，就说："雷乃发生，始电，蛰虫咸动，启户始出。"这样对自然现象的描述，在《诗经》中便成了一幅与生活、劳动相关的场景。《诗经·豳风》这样记载："三之日于耜,四之日举趾。"意思是说正月里修好锄和耙,二月里举足到田头。这短短的几个字,看似平常,却不知经过多少年对自然的观察和年复一年的劳作,才得以写出。

"惊蛰清田边,虫死几千万"。这句农谚点明了惊蛰这个物候类节气的农事主题。春雷乍动,不光惊醒了蛰伏在土中冬眠的动物,农民们也早早就忙活开了——清沟理墒,育苗,运粪施肥,防治虫病草害……农谚说:"惊蛰春翻田,胜上一道粪"、"过了惊蛰节,耕地莫停歇",可见惊蛰期间的主要农事是春耕、施肥以及灭虫。

惊蛰节气过后几天便是又一个与农事紧密相关的民俗节日"二月二"。民谚说:"二月二,龙抬头。"传说这天是龙抬头的日子,古人认为"龙为百虫之长",能"兴云雨,利万物"。它在头年冬至蛰伏,来年二月二抬头升空开始行云降雨。龙是中国古代最主要的雨神,祈龙神也成为最普遍的祈雨仪式。《山海经·大荒东经》云:"旱而为应龙之状,乃得大雨。"《三坟》云:"龙善变化,能致雷雨,为君物化。"在农耕社会中,雨水对人们来说非常重要。只有适当的雨水,才能使庄稼长得茂盛,结粒饱满。故《诗经·小雅·信南山》载:"既优既渥,既霑即足。生我百谷。"在神话传说中,龙固然能兴云布雨,泽润人生,可为何"龙抬头"偏偏在二月初二这一天?

原来,这里包含着一个天文现象。

从大时间序列来看,惊蛰节气的顺序在汉代后的调整符合了天地之数,天地阴阳的组合里,惊蛰调整在雨水之后。先民则观察到,此时跟农历二月二经常重合,大地之下的小昆虫们都醒过来了,而冬眠潜水的龙，也在此时抬头了——此时的"龙"就是天空中的苍龙七星。作为一种天象，正应了"潜龙勿用"这一说法。潜龙勿用，出自《易经》第一卦乾卦的象辞，隐喻事物还在发展之初。"二月二，龙抬头"这个龙，就是跟中国悠久的农耕文明息息相关的苍龙七星。每年的农历二月初二晚上，苍龙七星开始从东方露头，角宿，代表龙角，开始从东方地平线上显现；大约一个钟头后，亢宿，即龙的咽喉，升至地平线以上；接近子夜时分，氐宿，即龙爪也出现了。这就是"龙抬头"的过程。

这以后的"龙抬头"，每天都会提前一点，经过一个多月时间，整个"龙头"就"抬"起来了。"龙抬头"意味着春耕的开始，"二月二，龙抬头，大家小户使耕牛"。此时阳气回升，大地解冻，春耕将始，正是运粪备耕之际。

所以每逢"二月二"，在上党地区还有一些特别的习俗。我插队的那一带山村，每到"二月二"早晨，便有人用磨塞子或木橛子将石磨盘的上扇撑起一条缝，说是好让龙抬起头来……现在的年轻人见石磨少了，更不知道会有这样的习俗——石磨的上下两扇磨眼之间有一条刻凿的龙纹，让龙顺利地抬起头来，它就会多布几场雨，让庄稼生长得更好。而在遥远的乡村，一些地方还有撒囤唱歌的习俗：在场院里用烧火做饭的草木灰撒成一个个圆圈，然后由孩子们绕着灰堆边转圈边唱儿歌："二月二，龙抬头，家家户户迎丰收；大囤尖，小囤流，打的粮食过梁头。"这是人们对五谷丰登的祈盼。民间还有一首流传更广的童谣，反映了皇家对天下百姓风调雨顺、安居乐业的祈福："二月二，龙抬头，天子耕地臣赶牛，正宫娘娘来送饭，当朝大臣把种丢，春耕夏耘率天下，五谷丰登太平秋……"的确如此，明清两朝的皇帝每年的二月二，都要象征性地到南城先农坛内的"一亩三分地"上耕地松土，从清雍正皇帝开始，改为每年二月二到圆明园西侧的"一亩园"扶犁耕田。上年纪的老人也许还对一幅《皇帝耕田图》的年画有些记忆，年画中，头戴皇冠、身穿龙袍的皇帝正扶犁耕田，身后跟着一位大臣，一手提篮一手撒种，牵牛的是一位身穿长袍的七品县官，远处是挑篮送饭的皇后和宫女。画上的题诗便是上面那首朗朗上口的童谣。

这样的年画和童谣早已离我们的生活远去，但有一个习俗却一直保持至今，且广为流传。那就是各地人们认同的"二月二，龙抬头"这天，一定要理发。

是的，"二月二"人们讲究理发，认为龙抬头之日理发是"剃龙头"，就是为了讨个吉利。民间的习俗中另外还有禁忌，就是正月不理发，理发会给亲舅舅带来灾难，轻者破财受伤，重者有性命之虞。有民谣说："正月不剃头，剃头死舅舅。"实际是从腊月准备过年理发后，到现在已一个多月，刚出了正月，人们纷纷赶在"龙抬头"这天理发，是想沾点龙抬头的好运气。

实际上是春天来了，万物生发，人们理发后神清气爽，显得格外精神。因此，"二月二"理发的习俗在大江南北至今普遍流行。

每年的"二月二"总在惊蛰前后几天，除了上述"二月二"的理发，惊蛰节还有一个关于吃的习俗——

那就是惊蛰要吃梨。民间关于"惊蛰吃梨"的习俗源自这样的传说：说是闻名海内的晋商渠家，其先祖渠济是尧帝大儿子丹朱所封之地的上党长子县人，长子县名就是因了丹朱封地而沿称至今。这是一个历史底蕴厚重的"千年古县"，上古神话"精卫填海"就源自这里，其境内西边发鸠山，当地百姓称之为"西山"。就是在这样一片厚重的土地上，晋商渠家先祖渠济，在明代洪武初年带着渠信、渠义两个儿子，用潞州所产的潞麻与梨倒换晋中祁县一带的粗布、红枣，往返于晋东南与晋中两地间从中赢利，天长日久有了积蓄，便在晋中祁县城定居下来。清雍正年间，十四世渠百川走西口，正逢惊蛰之日，其父拿出梨让他吃，然后嘱咐他说，先祖贩梨创业，历经艰辛，定居祁县，今日惊蛰你要走西口，吃梨就是叫你不忘先祖，努力创业光耀祖。从此，渠百川走西口经商致富，将开设的商号取名"长源厚"。晋商中历代走西口颇多，后来那些走西口者也仿效吃梨，多有"离家创业"之意，再后来惊蛰日吃梨，亦有"努力荣祖"之念。

惊蛰日吃梨还有一种说法，就是"梨"与"犁"同音，通过吃梨，寓意提醒人们春天来了，要适时开犁春耕播种。"微雨众卉新，一雷惊蛰始。田家几日闲，耕种从此起"。在大好春光里，人们开始了劳作，惊蛰通常是春耕的开始，正如谚语说的，"惊蛰一犁土，春分地气通"。

演变到后来，民间关于"惊蛰吃梨"早已淡化了原来的含意，而成为了一种顺应时节讲究养生的生活保健。

及至现在，惊蛰吃梨的传统，就像立春那一天要吃萝卜一样，早已成为一种养生民俗。记得小时候老人们说，春天到了，这时候乍暖还寒，天气又燥，吃点儿梨，败败火。过去晋东南一带最有名的梨是高平梨，就是人们说的笨梨。那种梨存放一冬，到春节后惊蛰期间食用最好不过，特别是整个梨变黑变软的那种，那样的梨不是坏了，而是在存放过程中产生了质变，酸甜多汁，吃下去更加润燥败火气。遗憾的是，那样的笨梨品种几乎绝迹，再也吃不到了。但无论如何，从中医养生的角度讲，惊蛰吃梨是有其科学道理的。

从冬至节日开始的数九，到惊蛰节气便是"九"尽了。正是"九尽杨花开，农活一起来"的时节，因此，在数九歌谣中人们这样唱道："九九加一九，耕牛遍地走。"惊蛰的一声春雷，唤醒了沉睡的大地，令广大的乡间都忙活起来了，从此鸟语花香，五彩纷呈，这怎么能不让人欣喜若狂！

惊蛰，是上天叫醒大地万物的节令啊！

它就像一柄厚实的惊堂木，时刻一到"啪"一声，便唤醒了所有生命。试问有谁能摆这么大的排场？是时光，是春天！惊蛰是一年中美好时光的开场前奏，好戏还在后边呢。

大音希声，伴着隐隐的春雷，春风正沿着漳河的河道一路走来。大地之下神秘而热闹，万物正在舒张筋骨。而湛蓝的天空下，也处处生机萌动。你听，漳泽湖畔的湿地间，成群的水鸟仰天而鸣，欢叫着又一个明媚的春天。

春雷起蛰 庞铸（金）

千梢万叶玉玲珑，枯槁丛边绿转浓。待得春雷惊蛰起，此中应有葛陂龙。

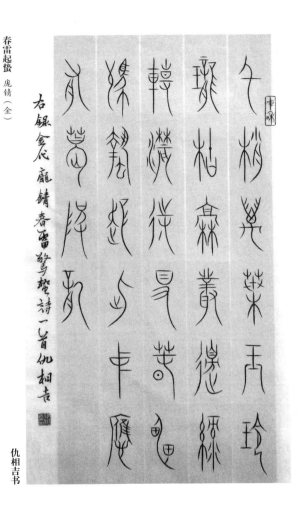

仇相吉书

阴阳相半·春 分

　　虽然经历了"二月二"那几天的"倒春寒"，可春分节气还是携着春风日夜兼程地赶来了——2016 年春分交节时刻是公历 3 月 20 日，即农历二月十二日 12 时 30 分。

　　春光明媚的日子，让我们感受这个阴阳相半的春分节气。

　　春分日太阳位于黄经 0° ，故春分是个天文类节气。

　　作为天文类节气，春分有两重含义，一是这天太阳光直射赤道，世界各地昼夜时间相等。另外一重含义是，古时以立春至立夏为春季，春分正当春季三个月之中，平分了春季。掐指算来，从 2 月 4 日立春，到 3 月 20 日交春分节，转眼间已过了 45 天，恰恰是整个春天 90 天的一半，春分之名真是再副实不过了。

　　由此看来，春分既指春之半，也含着昼夜等长的意思。这一点古人也知道，讲究天人感应的汉朝董仲舒在《春秋繁露》一书里讲：

"春分者，阴阳相半也，故昼夜均而寒暑平。"自古民谚也说："春分秋分，昼夜平分。"民间百姓说得更明白，只不过没有董夫子斯文罢了。

中国古代把春分分成三候："一候玄鸟至；二候雷乃发声；三候始电。"这是说春分后，玄鸟归来。玄鸟何物？众说纷纭，更多的人说是元鸟，元鸟是指燕子。就是说，春分时节燕子从南方飞回来了，下雨时天空会出现雷声并发出闪电。古人不像现在的人，生存在五光十色、眼花缭乱的社会之中，那时的一切都很简单。与生存最密切的，莫过于大自然。人们首先感到的，是寒暑的变化，雨雪的降临，季节的更替，以及草木的荣枯，鸟兽的藏露……所以古人感受的首先是自然物候，这一切的变化就从"昼夜均而寒暑平"的春分日开始。经过一冬的枯寂，燕子回归，雷电复至，微风徐来天明艳，柳漾花讯春意闹。眼下，春正铆足了劲赶路呢！

在漫长的农耕社会，春分节气显得尤为重要。由于二十四节气与农业、大自然密切相关，人们对一些节气便赋予某种祭祀意义，这种对大自然之神的祭祀，带有原始自然崇拜的色彩。史书记载，周朝便有春分日"祭日于坛"的仪式。从那时起，春分"朝日"仪式就一代代传承下来。清人潘荣陛在《帝京岁时纪胜》中便有这样的记载："春分祭日，秋分祭月，乃国之大典，士民不得擅祀。"明、清时代的朝日场所在北京城外东郊的日坛，朝日时间定在春分的卯刻，每隔一年由皇帝亲自祭祀，其余的年岁由官员代祭。

既然春分日如此重要，民间自然也有许多讲究和风俗。比如酬神演戏。春分前后是春社日，旧时，官府及民间都要祭社神祈求丰年。社神就是土地神。过去不论大小乡村，村中心都建有社坊，供奉土地神，一般情况下村中街道和各家房屋都是围绕着社坊向四面延展。那是农耕时代里一个村落聚集的中心，也是祈求护佑的神祇之地。村中但凡有敬神娱人大小热闹，都会在社坊院开展。比如元宵节，许多村庄都要闹社火、演社戏，而在这些红火之前，要有一个祭祀社神仪式。人们在敬神娱人的热闹中，祈求风调雨顺五谷丰登。这一切就如春分前后的演戏酬神一样，都被称为社戏。说到社戏，大家一定还有印象，鲁迅的小说《社戏》中在赵庄看戏的情节，描写的就是春社日前后看社戏这个事儿。

时至今日，在一些乡村，尤其是偏远乡村仍沿袭在社坊院闹红火看社戏的风俗。

一年劳作的农人们，能安心地在社坊院看一场大戏，那真是一种莫大的享受。锣鼓管弦的伴奏，响遏行云的唱腔，这些从大地上生长起来的原生态腔调，是对被节气追赶、难得消停的乡亲们的最好慰藉……每当最后一声戏腔带着他们的祈祷在天地间回荡，乡亲们会带着满足、带着对土地的感恩，毫不犹豫地站起身，投入到又一个四季轮回的劳作之中。

无论皇帝亲自主持的"国之大典"，还是乡间民俗的演戏酬神，除了这些庄严的祭祀活动，在民间日常生活中，春分节气最具娱乐色彩的民俗活动就数令无数大人和孩子们乐此不疲的立春蛋和放风筝。

据史料记载，"春分立蛋"的传统起源于四千年前，人们以此庆祝春天的来临。传说，春分这天最容易把鸡蛋立起来。因此，每到春分日，各地玩立蛋的活动煞是热闹，很多地方还会举行立蛋比赛，成了民间一个非常有趣的民俗现象。

有人认为这里面有科学道理：春分是南北半球昼夜都一样长的日子，地球地轴与地球绕太阳公转的轨道平面处于一种力的相对平衡状态，有利于立蛋。

这种说法听起来似乎有道理。

可我不由得想起了十年前的一件事情：2005 年 9 月 14 日，美国人布莱恩在澳大利亚墨尔本打破了一项吉尼斯世界纪录：用 12 小时立起了 439 个鸡蛋。而那天并不是春分。看来，立蛋与"昼夜均"的春分也不大相干，使鸡蛋站立起来的因素应该是地球引力。

但不论如何，春分玩立蛋，已经成为一项很有趣味性的民俗活动，人们以这样一种方式祈望自己一年顺利如意，心想事成。

比春分立蛋更为普及的是另一项人人喜欢的民俗活动，那就是放风筝。蛰伏了一个冬天的人们尤其是孩子们，哪还能按捺住走出户外的急迫心情，早已将一颗满怀期待的心随着各式各样的风筝纸鸢，在万里晴空中自由地放飞！

你瞧，城市广场、郊外空地的上空，正是鸢飞满天，早已是一幅融融春意的民俗风情画。

这样的图景，让人想起清人高鼎《村居》诗："草长莺飞二月天，拂堤杨柳醉春烟。儿童散学归来早，忙趁东风放纸鸢。"这首诗说的就是春分时节放风筝的民俗活动。写到这里，我特别想提及的同是清代的另一位潞州诗人万国宁。这位没有任何功名的"诸生"，淡泊名利，游历颇多，志趣多在山川田园，《潞安诗钞》中收录万国宁的诗最多，达 150 余首。其中他写的《春日晚归书所见》一诗，与高鼎的这首《村居》诗一样，描写了儿童们怕春天走远，赶紧趁着东风放飞风筝的急迫心情："古树鸦啼薄暮天，寻芳客过小桥边。儿童也怕春归去，恰趁东风放纸鸢。"两个人的诗都描绘了早春时节，天地间飘荡着的欢快童趣。是的，儿童正处在人生早春，每逢春分时节走出家门，在原野里、蓝天下争相放飞，使春天愈发焕发出勃勃的生机。

古今习俗一脉传承，所不同的是现在式样繁多的风筝随时随地可以花钱买来玩耍，但却少了一份亲手制作的乐趣。

想起小时候，没钱买也无处买风筝，每到这个季节，都是自己动手做：家里用坏的竹帘、几张麻纸、一撮细线、再用少许白面打点糨糊……旁边的小伙伴们叽叽喳喳争论不休，制作的过程充满了童趣和欢乐。然后到野外把自己亲手做的风筝放飞上天，那颗不安分的心也早已跟随着融入蓝天。一线在手，抬头仰视，风筝乘风高飞，随风上下，飘忽不定。小伙伴们手牵线绳，来回跑动得满头大汗。大家还会比谁的风筝飞得高，谁的风筝做得好……此情此景，令人回味。

时至今日，人们虽然很少再动手自己做风筝，但这项民俗活动对身心的好处却是人人尽知。"春日放鸢，引线而上，令小儿张口而视，可以泄内热"。这是宋人李石在《续博物志》提出的放风筝养生原理。

春分时节，除了上述的民俗活动，古时的春分日对特定的行业也是个重要日子。比如制秤校秤的行当。记得我当知青插队时，每逢春分时节，便有匠人走村串户来校秤、制秤。村里有些家户制作的是十几二十斤的小杆秤，而生产队则是上百斤的大杆秤。那时对匠人在春分日来制秤校秤，并不明白个中含意。只记得制好秤后，匠人会当着主家和围观者的面，手提秤绳，将秤砣拨在"定盘星"位置，秤杆就会呈水平状悬在空中——公平在此！多年后，才在我的朋友、河南作家任崇喜先生所著《节气——中国人的光阴书》中，看到春分日制秤的由来：古人选择春分秋分时节制秤校秤，因为这时"昼夜均而寒暑平"，气温适中，昼夜温差小，校正度量衡器具不会受温度变化的影响。制秤的匠人选择春分日开工，以示公心做事，无愧天地。如今这样的情形是难得一见了，但公平交易，诚信做事的道理我们却要时时谨记！

春分节气一到，天气就逐渐稳定了。而对于农民和农事来说，便是千金难买一刻春了。春分时节，小麦拔节、油菜花香……正如民谚说"春分麦起身，一刻值千金"，在辽阔的田野上，大地复苏，春耕在即，农民已经大忙起来了！

像一切事物一样，昼和夜的平衡也只是暂时的。春分过后，太阳日照一天天长了起来，气温升高，百花随之陆续开放，金黄串串是迎春，粉红瓣瓣是玉兰，杏花开过是桃花，桃花过后梨花开……农历二月是杏月，也称花月。古时民间有所谓的"花朝节"，在二月十二或十五，以庆祝百花的生日——我们的先人多么有情怀，给装扮了整个春天的百花过生日，又是多么的富有诗意！

眼前，春风吹暖大地，在广阔的乡野间，那漫山的花儿正三五成群的结伴而来，让我们打开大门、敞开心扉，赶紧迎接这肆意喧闹的姹紫嫣红吧！

韩志鸿书

麦田 （宋）杨万里

无边绿锦织云机，全幅青罗作地衣。此是农家真富贵，雪花销尽麦苗肥。

诗的节日·清 明

　　"清明时节雨纷纷，路上行人欲断魂。

　　借问酒家何处有？牧童遥指杏花村。"

　　唐人杜牧的这场清明小雨，就这样下了上千年，让后世的人们在这个追思先人的节日里也断魂了上千年！

　　4月2日夜间和3日清晨的绵绵细雨，正应了杜牧这首有名的诗。

　　清明给人的第一印象就是为亡故的亲人扫墓，而且，这一天应该总是下雨才能应景应时。下着的，也总该是那种沾衣欲湿的"杏花雨"……

　　白日才见春景明，夜间便闻愁雨声。上天总是出人意料地给人间安排难以想象的时光演出——前几日的"桃花雪"和这两天的"杏花雨"，让我们在清明时节追思亲人之际，也于日常生活之中体察光阴变幻，感受一份别样的时光之美。

在二十四节气里，唯独清明兼具节日和节气的意义。这个充满着怀念、引发人们诗兴的清明节，在岁岁年年的四季轮回中就这样再一次光临——2016年清明交节时刻是公历4月4日，即农历二月二十七日16时27分。

古往今来，清明，这个唯一演变成节日的节气，触动了多少人的诗心，因而被吟咏的最多。据说，曾有人查阅《全唐诗》和《全宋词》，其诗词中涉及清明、寒食字样的唐诗有335首，而宋词更是多达520首。清明，当之无愧地成了一个诗的节日。也正因如此，在二十四节气里，它最富大自然和人的双重情感意义。

在这清洁明净的春天，面对扫墓祭祖、踏青赏花的日子，谁的诗心不被撩拨？千百年来，写清明的诗那么多，一遍遍读来，清明的诗没有矫揉、没有造作，提笔便是直抒胸臆。

"满街杨柳绿丝烟，画出清明二月天。"

"梨花淡白柳深青，柳絮飞时花满城。"

"春城无处不飞花，寒食东风御柳斜。"

……

作为节气的清明，自有陶醉人之处。诚如《岁时百问》所说："万物生长此时，皆清洁而明净，故谓之清明。"春天，从立春萌动，到清明，过了整整两个月，春色已经浓艳起来，此时节，就好比一个少女已由豆蔻年华，长成为二八佳人，既含蓄温顺，又生动活泼，充分展示出这时的美丽和魅力。

有如此良辰美景，人们自然争相去寻探，于是形成了踏春之风。

踏春也叫踏青，此俗由来已久。约从唐代开始，人们在清明扫墓的同时，就伴之以踏青游乐。

踏青是清明节扫墓之外的另一个主题，到清明这天，家人或朋友们三三两两去郊外踏青，大家在草地围坐饮宴。宋代吴惟信的《苏堤清明即事》就写出了这一景象：

> 梨花风起正清明，游子寻春半出城。
>
> 日暮笙歌收拾去，万株杨柳属流莺。

春游之风俗，至今日也有增无减。清明除了踏青春游，还有种种有趣的游乐活动：妇女们荡秋千，男人们斗鸡、踢球，孩子们放风筝，玩累了就地野餐。清明插柳，也是广为流传的风俗，过去在清明这天，要清理沟渠，在水井周围插上柳条，寓意"井井有条"，此习到明清时渐渐演变为"植树节"。

民间还说，"清明不戴柳，红颜变皓首"，"清明去踏青，不害脚疼病"。想起小时候，每逢清明时节，一帮小伙伴，用嫩嫩的柳条搓一个柳笛吹响在春天里，再用折下的柳枝编个柳条圈戴在头顶，学着电影里的好人、坏人开始打仗，摸爬滚打，玩得不亦乐乎，给万物萌发的春天凭添了许多热闹。

风俗流变，虽然一些亲近自然的习俗和玩法逐渐消失或者慢慢演化，但时至今日，清明节祭祖扫墓这个核心始终得以传承。

古时，清明节前后，有寒食节和上巳节。上巳节，俗称三月三，相传三月三是黄帝的诞辰，中原地区自古有"二月二，龙抬头；三月三，生轩辕"的说法。

传统的上巳节在农历三月的第一个巳日，也是祓禊的日子，即春浴日。所谓被禊，是古代中国民间于春秋两季，在水滨举行被除不祥的祭礼习俗。有沐浴、采兰、嬉游、饮酒等活动。《论语》有载："暮春者，春服既成，冠者五六人，童子六七人，浴乎沂，风乎舞雩，咏而归。"就是写的当时的情形。

到了魏晋时代，上巳节逐渐演化为皇室贵族、公卿大臣、文人雅士们临水宴饮的节日，并由此而派生出上巳节的另外一项重要习俗"曲水流觞"——众人坐于环曲的水边，把盛着酒的觞置于流水之上，任其顺流漂下，停在谁面前，谁就要将杯中酒一饮而下，并赋诗一首，否则罚酒三杯。魏明帝曾专门建了一个流杯亭，东晋海西公也在建康钟山立流杯曲水。梁刘孝绰《三日侍华光殿曲水宴》诗曰："羽觞环阶转，清澜傍席疏。"

历史上最著名的一次"曲水流觞"活动要算"永和九年，岁在癸丑，暮春之初"的文人雅集了。这个上巳节，时任右将军、会稽内史的王羲之与谢安、孙绰等 42 人，在兰亭修禊后，举行饮酒赋诗的"曲水流觞"活动，大家论文赏景，兴致勃勃，一场"酒事"下来，共作诗 37 首，其中有 11 人各成诗两篇，15 人各成诗一篇，16 人作不出诗，各罚酒三觥。酒酣斗热之际，大书家王羲之将大家的诗集起来，用蚕茧纸，鼠须笔挥毫作序，乘兴而书，一气呵成，成就了书文俱佳、举世闻名、被后人赞誉为"天下第一行书"的《兰亭集序》。历代的人们也因此记住了这个文雅浪漫的上巳节，也永远记住了这场声势浩大而且贯穿了其后漫长岁月的"酒事"。

三月三上巳节与九月九重阳节相对应，正如汉时《西京杂记》中称："三月上巳，九月重阳，使女游戏，就此被禊登高。"一个在暮春，一个在暮秋，踏青和辞青也随着时光流转成为春秋两季郊游的高潮。古代上巳节也称女儿节，是少女的成人礼。少女们"上巳春嬉"，临水而行，在水边游玩采兰。所以诗人杜甫在《丽人行》一诗中，提笔就描述了"三月三日天气新，长安水边多丽人"这一唐代上巳节的盛况。然而，随着时光流转，上巳节和二月十二的花朝节一样，这个充满着浪漫风情的节日已逐渐被人们所淡忘。

由于清明、寒食、上巳三节日期相连，甚至重叠，更由于宋代以后，礼法渐严，三个节日逐渐融合为清明节。

因此，清明节的内容就显得异常丰富，其中既有清明祭墓的主要风俗活动，又有寒食戒火、冷食的饮食习俗，也有上巳踏青游乐的活动内容，而且在农事上更是一个重要的节气。清明节在二十四节气中之所以显得特殊，被世人看重，其原因就在于它是一个多元的、复合性的节日，其中沉淀了自古以来承传下来的丰富而多彩的民俗内容。

寒食节虽然消失了，但我们不妨了解一下这个节日的来历。寒食节被认为与火烧介子推有关。说起介子推这个历史人物，我们山西人都有所了解，他被烧死在介休的绵山。介子推是随着晋公子重耳逃亡的功臣，历经磨难辅佐他，曾"割股啖君"有恩于公子重耳。回国之后，重耳做了国君，成为晋文公，介子推因为不愿与小人为伍，躲进绵山。晋文公放火逼他出来。不料，他宁被烧死，也不肯出山为官，死前曾留下一首血诗："割肉奉君尽丹心，但愿主公常清明。柳下作鬼终不见，强似伴君作谏臣。倘若主公心有我，忆我之时常自省。臣在九泉心无愧，勤政清明复清明。"这首诗且不论究竟是否为介子推所作，今天读来，依然令人深思。介子推死后，每年的这一天，人们为纪念介子推不忍生火并吃冷食，故称之为寒食节。寒食节与清明靠得很近，在冬至后第 105 天，推算下来，就是清明节气前一两天为寒食节。演变后二节合为一节，《中国传统文化大观》载："大致到了唐代，寒食节与清明节合而为一。"还有一种说法，甚至将这个传说变成了清明节的源起。

汉朝时，作为晋国之地的山西，寒食禁火要长达一个月。然而，在过去医疗条件落后的情况下，长时间冷食，容易致病甚至死人，所以汉代以后的历代守土官和帝王，比如周举、曹操，还有长治武乡起家的后赵皇帝石勒等人曾分别颁布政令禁断此俗。禁断力度最大的当数三国时期的曹操，他曾下令取消寒食这个习俗。《阴罚令》中曾记载有这样的话："闻太原、上党、雁门冬至后百五日皆绝火寒食，云为子推……令到人不得寒食。犯者，家长半岁刑，主吏百日刑，令长夺一月俸。"三国归晋以后，由于与春秋时晋国的"晋"同音同字，因而对晋地掌故特别垂青，纪念介子推的禁火寒食习俗又恢复起来。不过时间缩短为三天。再后来逐渐演变成为一天，时间就在清明节的前一天。晋地的这一纯厚风俗，经过民间的长久演绎，寒食节纪念介子推的说法也不断发扬光大，寒食节禁火寒食成了各地的共同风俗习惯。山西介休绵山一直被誉为"中国寒食清明文化之乡"，直到今日，每年都举行声势浩大的寒食清明祭祀活动。

这样的祭祀活动也是人们感应春天的开始。春天是需要品味的，清明时令饮食正是我们对春的味道的体验。清明兼容了古代寒食节俗，许多寒食节日的美食通过清明节保留下来。传统有"馋妇思寒食"之说。寒食燕、清明团、清明饭、清明茶等都是清明节日的佳品。而寒食燕则是山西地方寒食、清明时特有的节令食品，它用枣泥与面粉调和，捏成燕子形状，也称子推燕，表示纪念晋国先贤介子推。当然，作为一个在全国范围内普遍性的节日，各地均有不同特色的清明吃食，这里就不一一介绍了。

三春之景正绚烂。而作为节日的清明，偏是个缅怀追思的节候。清明祭祖扫墓习俗的代代传承，与人们不忘根本、感恩亲人、追思先贤有关。

明代刘侗《帝京景物略》记载："三月清明日，男女扫墓，担提尊榼，轿马后挂楮锭，粲粲然满道也。拜者、酹者、哭者、为墓除草添土者，焚楮锭次，以纸钱置坟头。"

晋地距"帝京"不远，又同处北方，习俗相差无几。清明上坟也是长治地区的传统民俗，俗称"烧纸"。旧时上坟要带的食品除酒肉外，有一些固定的食品，同时还有蒸食，寓意家族蒸蒸日上。现在物质丰富，供品花样多多，准备时也考虑亲人生前喜爱的吃食。上坟前要清除杂草，铲新土压坟顶。这个习俗至今在长治域内各地乡间均有保留，就是清明上坟带着铁锹，每人都往坟上培三锹新土，以示后代子孙已尽孝祭祖，同时亦寓意祖宗保佑全家平安、兴旺发达。之后在坟头压一块黄纸，然后在墓前燃香，设供，滴酒，叩头……整个仪式结束后家人们聚在坟前一起食用供品。

扫墓完毕，人们会在田间野外，捎带挖拾野菜，在踏青的同时，也有了新的收获。将鲜嫩的荠菜、蒲公英和新出芽的香椿等，采回家凉拌尝鲜。

如今城里人，大都在公墓祭祖，这些代代传承的清明习俗也在不经意间渐行渐远。随着生活水平的提高、物质的极大丰富以及科学技术的发达，代之而起的是一些时新、文明的祭祀方式，比如用鲜花祭祀，比如网上祭祀……但不管何种方式，人们心中的追思和诗意并不会消失，因为清明本就是一个诗的节日啊！

写到这里，想起了自己的一桩清明往事。

1982 年的清明节，我和弟弟出长治市区东关去壶口祭奠父亲。当时我捧着父亲的骨灰盒，想起"文革"期间家破人亡、颠沛流离十几年，可父亲刚刚平反就卧病不起，我们兄弟俩在病榻前尽孝两年也没能挽留住父亲……。我和弟弟都还小，还没有完全从人生劫难中走出来的小哥俩会面临多少生活中的未知？想到这里不禁悲从中来，在旷野里号啕大哭！

泪眼婆娑中，我从衣兜里摸出一个空烟盒，随手在香烟纸上写下这样几句：

踏青东门去，扫墓壶口来。

泣声惊四野，泪水倾两腮。

纸灰随风散，悲情动地哀。

阴阳两相忆，顾念总伤怀。

我知道，这不能算诗，但我是一个有血有肉有感情的儿子，在清明节这样一个特殊的日子，我想以这样一种方式跟在九泉之下的父亲诉说啊！

每逢佳节倍思亲。清明悼念亡故亲人的悲哀，有多少化作感人的诗篇。

清明的人心，清明的诗，一半喜悦，一半哀伤，形成独特的诗心。宋代诗人高翥在《清明日对酒》诗中写道：

南北山头多墓田，清明祭扫各纷然。

纸灰飞作白蝴蝶，泪血染成红杜鹃。

日落狐狸眠冢上，夜归儿女笑灯前。

人生有酒须当醉，一滴何曾到九泉。

诗的最后两句，未免太消沉了些。其实，人生总是有悲有欢，有悲而能奋起，当悲则悲，当乐则乐，这才是健康的人生。由此，欢乐自然也就成了人的主调。

慎终追远是清明节的文化精神。我们利用清明时节，追思祖先业绩，提倡家庭、社会对先辈历史的尊重，保持对先人的敬畏之心与感恩之心。在人心躁动的现代社会，清明节更有着特殊的意义，它能够给人一个理性、冷静思考人生的机会。

是啊，源远流长的风俗，不仅孕育了醇厚的"清明诗词"，酿就了伟大的"清明文化"，也构建了一方让我们缅怀先人、沟融血脉的精神家园。

史留俊书

春水舫残稿　介石（清）

桃花雨过菜花香，隔岸垂杨绿粉墙。斜日小楼栖燕子，清明风景好思量。

生谷润花·谷 雨

　　谷雨，是春天的最后一个节气。从立春到谷雨，整个春天的六个节气，谷雨便是春之尾了。时光经过了孟春、仲春，在日渐湿润、百花争艳的节候中，走到了季春。2016 年谷雨交节时刻是公历 4 月 19 日，即农历三月十三 23 时 29 分。

　　"好雨知时节，当春乃发生"。今年谷雨交节前两天，一场绵绵春雨下了大半宿，给这个花事正浓、即将春播下种的节气作了最好的铺垫——谷雨逢雨，生谷润花啊！

　　作为三春里的最后一个节气，谷雨这个春尾收的十分烂漫——一茬茬姹紫嫣红的花们在时光的舞台上次第绽放表演，使得春色愈发撩人。而在谷雨节气里，花王牡丹在百花的喧闹后才迟迟登场，雍容华贵，尽情怒放，上演了深春里的压轴大戏！牡丹雅号"谷雨花"，这位花王，年年谷雨时节，当令盛开。牡丹和继之而后的芍药声势浩大的开放，更令人有一种春深似海的感觉。

百花喧闹谷雨来。谷雨这个名字，一看就是表示气候的。可它与雨水节气又不同。雨水是说"春雨将至"，而谷雨，将雨和谷联系了起来，一定是与农耕稼穑密切关联。按照古人的解释，是"雨生百谷"之意。《孝经纬》说："清明后十五日，斗指辰为谷雨，言雨生百谷。"

二十四节气之名，细想一下可以看出，没有一个是随意得来的，全是古人千百年来经验的结晶。谷雨之名的由来亦是如此。让我们回想一下，每年春季经历的几个节气是不是这样的情况：立春之后，气候总是反反复复，乍暖还寒，乍寒还暖，虽有"倒春寒"，可春风吹愈暖……清明一过，气候便稳定下来，谷雨一到，气温也快速升高。

谷雨时节，在广袤的田野上，另一场大戏也在开演，那就是忙碌而有序的春播春种。《月令七十二候集解》中说："自雨水后，土膏脉动，今又雨其谷于水也……盖谷以此时播种，自上而下也。"气候温暖而湿润，降雨逐渐多了起来。农事不等人，这个时节，稻麦嫩绿，油菜金黄，大地如画；冬小麦正孕穗、抽穗；玉米、谷子、棉花、瓜豆等一些春播作物赶着节令下种，上足了肥攒足了劲蓄足了温的大地正等着籽粒到来而催生。这紧要的播种谷禾时节，怎么能少了"贵如油"的春雨呢！"雨生百谷"，地里的冬小麦和刚刚春播的农作物特别需要雨水的滋润，只有天上下雨，地上的百谷才能生长。然而在北方，谷雨节气往往多风少雨，人们祈盼着谷雨节气能够多多下雨，有雨，百谷丰收就有望啊！

古代将谷雨分为三候："一候萍始生；二候鸣鸠拂其羽；三候为戴胜降于桑。"这是说谷雨后因降雨量增多，水面的浮萍开始生长，接着布谷鸟振翅飞翔，婉转鸣叫，开始提醒人们播种，然后是在桑树上开始见到戴胜鸟了。想起当年插队时，每当听到山间树梢上"布谷、布谷"的鸟叫声，就知道，春播大忙就要开始了。印象最深的是每到春播时节，干旱少雨，乡亲们连吃水都困难，播种更是难上加难。无奈中，只得赶着牲口、挑起水筲，到二十里以外的晋冀交界处一个叫老河口的地方去挑水，有时一担水挑回来，一路漾的只剩下半筲。点种的时候，一个玉米坑只敢浇少半搪瓷缸水，"水贵如油"的情形可见一斑……太行山里的乡亲们，日子过得十分的艰苦。可是，当布谷鸟叫起来的时候，乡亲们就把一年的希望寄托在这贫瘠的土地上。布谷声声催，节令不等人啊！

说起布谷鸟人们都熟悉，可说起戴胜鸟大多数人也许有点陌生。"戴胜，一名戴鵀。《尔雅》注曰：头上有胜毛，此时恒在于桑，盖蚕将生之候矣。"戴胜鸟，乡间俗称为臊哼咕、胡哼哼，体长近尺，通体黄褐色的羽毛配着黑白相间的横羽纹，嘴细长而略下弯，它最醒目的是头顶上黄褐黑白的羽冠，就像古人戴的头冠装饰，煞是好看。"胜"是古人头上的一种漂亮饰物，古人觉得此鸟"如人戴胜"，因此而命为戴胜鸟。我少年时曾经有过一次与戴胜鸟的零距离接触。记得有一次，与一个小伙伴上山砍柴，在一列数十丈高的绝壁间，看到有翅膀张开如花蒲扇的戴胜鸟从一个小隙洞中出入，我俩充满好奇，决定冒险攀爬上去掏鸟。当时此鸟在乡间被唤作臊哼咕，究竟因何叫这名子并不清楚。待我俩爬到悬崖上，伸手去小隙洞里捉那只正在孵蛋的鸟儿时，一股难闻的气味在面前弥散。反复几次，只要伸手进去捉鸟，那股臊气便会扑面而来，令人难以呼吸……最后只得放弃。

事后，我才慢慢知晓，此鸟身上散发的难闻臊气恰恰是一种遇到危险本能的自我保护！就如壁虎、蜥蜴可以断尾而逃生一样。虽然掏鸟没成功，但我却明白了为什么乡间称此鸟为臊哮咕。那年月，尽管还没有保护鸟类、维护生态的说法，但我还是想在这里说一句：请大家原谅一个少年顽童的无知行为！

多年以后，我不仅知道了臊哮咕就是戴胜鸟，而且还读到了许多古人对戴胜鸟的赞美，其中唐人王建的《戴胜词》印象最深刻："戴胜谁与尔为名，木中作窠墙上鸣。声声催我急种谷，人家向田不归宿。紫冠采采褐羽斑，衔得蜻蜓飞过屋。可怜白鹭满绿池，不如戴胜知天时。"戴胜鸟双飞双栖，叫声委婉，在民间，戴胜鸟象征着祥和、美满和快乐。因此，诗人贾岛也有诗称颂戴胜鸟："星点花冠道士衣，紫阳宫女化身飞。能传世上春消息，若到蓬山莫放归。"

戴胜来，春归也。的确，戴胜鸟不仅"知天时"、"能传世上春消息"，它还在谷雨时节不知疲倦地告诉循时序劳作的人们"声声催我急种谷"啊！

同许多节日、节气一样，谷雨节各地民间也有着许多不同的讲究和禁忌。谷雨以后气温升高，虫害进入高繁殖期。过去民间流行禁五毒的习俗，其中禁蝎子便是一种。在晋东南地区一些乡间，每到谷雨期间，家家有用草木灰在房前屋后墙脚洒灰道的习俗，一边洒一边念念有词，说些驱虫纳吉的话。据说此举可减少蝎子、蜈蚣等毒虫的侵扰。而在更多的地方，则是张贴谷雨帖。谷雨帖属于年画的一种，上面刻绘神鸡捉蝎、天师除五毒的形象或者道教神符，有的写有"太上老君如律令，谷雨三月中，蛇蝎永不生"，还有"谷雨三月中，老君下天空，手持七星剑，单斩蝎子精"等。

晋南的临汾一带，谷雨日画张天师符贴在门上，名曰"禁蝎"。而陕西凤翔一带的禁蝎咒符则更有意思，其上写有："谷雨三月中，蝎子逞威风。神鸡叼一嘴，毒虫化为水……"画面中央雄鸡衔虫，爪下还有一只大蝎子。画上印有咒符。雄鸡治蝎的说法早在民间流传。神话小说《西游记》第五十五回，孙悟空、猪八戒敌不过蝎子精，观音也自知近他不得，只好让孙悟空去请昴日星官。昴日星官本是一只双冠子大公鸡，书中描写，昴日星官现出本相——一只大公鸡对着蝎子精叫一声，蝎子精即时现了原形，是个琵琶大小的蝎子。大公鸡再叫一声，蝎子精浑身酥软，死在山坡。因此，谷雨帖多以雄鸡为样。

当然，除了上述禁忌，谷雨节气还有一些令人怡情悦性的雅趣，比如赏牡丹、品雨茶、吃桑葚、食樱桃……在日常生活中，最普遍的是人们会采摘下第一茬香椿尝鲜——"雨前香椿嫩如丝"。谷雨食椿，又名"吃春"。暮春时节，人们也许是想用食椿尝鲜这样一种口福，从味觉上感知即将离去的浓浓春意吧！

在文化绵延的大地上，谷雨节还有很多有意义的祭祀活动。在所有的祭祀活动中，有一个地域性极强但我们不得不知道的祭祀活动——祭文祖仓颉。

清明时节拜皇帝，谷雨来时祭仓颉。仓颉，原姓侯冈，名颉，号史皇氏，生于陕西省白水县杨武村鸟羽山，他是我国原始象形文字的创造者，也是古代官吏制度及姓氏的草创人之一。

年年谷雨节，陕西白水县有隆重祭祀仓颉的盛大庙会活动。传说由于仓颉造字功德感天动地，玉皇大帝便赐给人间一场谷子雨，这是当地流传的谷雨的由来。这由来也有文献佐证。《淮南子·本经训》中便有"昔者仓颉作书，而天雨粟"的记载。

拜我文祖，感恩汉字，理应成为谷雨时节最为隆重的祭祀。

仓颉，这位黄帝的史官长相非凡，古书上说他"龙颜四目，生有睿德"。这样的长相，让今天的我们对这位创造了汉字的圣人，充满了无边的想象。当今天的人们，不管在任何地方，都能便捷地用文字沟通交流，尽情书写的时候，我们还能想起五千年前的情景吗——

穿越到五千多年前的某一天，走遍名山大川的仓颉席地而坐，依照星斗的曲折，山川的走势，龟背的裂纹，鸟兽的足迹，造出了最早的象形文字。在他之前，人们一直用打结的绳子来记载事件，生活在巫术横行、人鬼混居的混沌之中。"仓颉造字，而天雨粟，鬼夜哭"。上天为生民贺喜，降下谷子，鬼因为再不能愚弄民众而在黑暗中哭泣。人们从此把这天叫作"谷雨"。

"四目明千秋大义，六书启万世维言。"时至今日，我们多么隆重的祭祀仓颉都不为过，因为是他给我们带来了智慧，并使文明得以延续传承。

文字使人明理，文化用于感人。让我们永远记住这位"龙颜四目"、创造文字的文祖圣人。

一过谷雨，春天就要结束。一年的春事，又在匆忙间远去。但愿在谷雨期间，能有一场透雨，让那些已经入土的种子喝足喝饱，舒展筋骨钻出地面，装点和造福这美好的大千世界。

　　再过十五天就进入了夏季，初夏快要来临了。到那时，田野之间、大地之上，将会是一番更为明媚、浓郁的时光景象。

诗意谷雨 郑板桥（清）

不风不雨正晴和，翠竹亭亭好节柯。最爱晚凉佳客至，一壶新茗泡松萝。

几枝新叶萧萧竹，数笔横皴淡淡山。正好清明连谷雨，一杯香茗坐其间。

仇相吉书

夏

立夏　小满　芒种　夏至　小暑　大暑

夏天来了·立 夏

　　绚烂的春花开过了，飞天的柳絮飘过了，喧闹了整个春季的花事正在接近尾声，而那些春天萌生的新绿也从立夏节令开始勃发成漫山遍野的浓绿。刚刚钻出地面的庄稼禾苗，绿油油的，舒展筋骨，情绪高涨地尽情生长，迎合着夏季来临的热烈时光，为人间增添殷实的年景和希望。

　　时光流转，一个绿色的世界再次走到我们眼前，年复一年的夏季来临了——2016 年立夏交节时刻是公历 5 月 5 日，即农历三月二十九 9 时 41 分。

　　立夏节气，古人称："斗指东南，维为立夏，万物至此皆长大，故名立夏也。"这一天在天文历法上，太阳行至黄经 45°。有趣的是，立夏时天黑后观察天空，会看到北斗七星的斗柄正指向东南——也是从正东算起 45°的位置。

立夏属于四月的节气，称"立夏四月节"，但立夏不一定都落在农历四月，一般都在农历三月下旬和四月上旬。就如上述，今年的立夏也不在四月，而在农历三月末。

唐人元稹《咏廿四气诗·立夏四月节》写道：

欲知春与夏，仲吕启朱明。

蚯蚓谁教出，王菰自合生。

帘蚕呈茧样，林鸟哺雏声。

渐觉云峰好，徐徐带雨行。

诗中的"仲吕启朱明"一句颇有说法。"仲吕"是古代音律名。古人认为天体运行、季节变化与音律有关系，故有"孟夏之月，律中仲吕"的说法，所以"仲吕"成了四月的代称。而"朱明"则是夏季的别称，所以"仲吕启朱明"即"四月开启了夏季"之意，古人将立夏日也称作"朱明节"。"蚯蚓谁教出，王菰自合生"出自《逸周书》："立夏之日，蝼蝈鸣。又五日，蚯蚓出。又五日，王瓜生。"

古人将立夏节气分为三候。说的是，从立夏之日起，头五天可听到蝼蛄在田间的鸣叫声，又五日可看到蚯蚓掘土，再五日，已经出苗长势旺盛的王瓜，其蔓藤开始快速攀爬生长。

的确，立夏后气温高，雨水也多了起来，农作物自然生长迅速，枝叶茂盛。就其本意来说，"夏天"就是万物繁茂的季节。《月令七十二候集解》中说："夏，假也，物至此皆假大也。"这里的"假"，就是"大"的意思。是说这个季节"万物并秀"，蓬勃长大。《方言》一书说得更明白："自关而西，秦晋之间，凡物之壮大者而爱伟之，谓之夏。"立夏时节，冬小麦扬花灌浆，油菜将要成熟。春播作物玉米、大豆、谷子、高粱等相继出苗生长。

我记得当知青插队时，每到谷雨末和立夏前几天，玉米等大田作物都已全部播种完，乡亲们就该操心种谷子了。种谷子是个技术活，所以人们就格外重视。一来谷子地最好是高处的山坡旱地，这样的土壤气候生长的谷子特别好吃；二来摇耧种谷子是技术活，得一个种庄稼的"好把式"来种。每到立夏前几天种谷子时，生产队三四个摇耧种谷子的"庄稼把式"就格外吃香。耧是一种三条腿滴漏谷粒的木制农具，可同时开沟、下种。前边牲口拉着耧走，后面"庄稼把式"双手扶耧摇耧，一趟三垄，地头循环折返，直到种完。至关重要的是，一亩地约下种三合（大概折合八两上下），这就要求"庄稼把式"摇耧的幅度和力度要恰到好处——掌握不好，不是大量浪费种子，给后续田间管理带来麻烦，就是造成缺苗断垄，谷苗稀疏，影响收成。我曾经跟着一个"庄稼把式"种谷子，当然，我是打下手牵牲口的。有几次，他教我摇耧下种，结果是谷种像水一样快速流完，成堆流到地垄里，要不就是耧眼堵塞，干脆摇不下来……那样的时候感觉真是狼狈！由此我常常暗自感叹：种庄稼看似简单其实不容易啊，除了紧跟节令物候外，哪一样庄稼活儿都包含着智慧和技术！

多年以后，每当暮春时节，我就会想起当年一起劳作的乡亲们，想起春播时的种种情形。

农人跟着节令走，春播过后难得闲。这时节，夏天如期而至，田间地头的管理又紧张有序地开始。禾苗快速生长的同时，地里的杂草也疯长得快，农谚说："一天不锄草，三天锄不了"，因此要"立夏三天遍地锄"。这个季节，正是"田家少闲月，五月人倍忙"啊！

由春入夏，物候日新月异，也是农业生产的关节，各项农活一起涌来。因此，以农耕为主的古代社会，人们就很重视立夏这个节气。据《礼记·月令》记载："立夏之日，迎夏于南郊，祭赤帝祝融。"是说立夏这天，周天子要亲率三公、九卿、大夫到都城南郊迎接夏的到来。"迎夏"仪式上，君臣一律穿朱色礼服，配朱色玉佩，连马匹、车旗都要朱红色的，以表达对司夏之神的敬意和对夏粮丰收的祈求。"迎夏"为何在南郊举行？因为古代依照金木水火土五行方位排位，南方属火，是火神祝融的方位。在古代典籍记载中，祝融有四重身份：一是传说中的古帝，二是神化祭拜对象，三是上古时代的火官，四是某些族群国家的祖先。《山海经》上说祝融"兽面人身，乘二龙"，居于衡山，是他传下火种，教会人类使用火。祝融曾经打败了共工，杀死了治水不力的鲧，可见他的确神通广大。他还常在高山上奏起名为《九天》的乐曲，那悠扬动听、感人肺腑的乐曲在天地间回荡，使黎民百姓精神振奋、情绪高昂。这便是立夏日要在南郊"迎夏"祭祀的由来。

祭祀火神归来后，天子还要行赏、封诸侯。而这个月，天子照例要出行田野，慰劳农夫，劝民勿失农时，种好庄稼。并命令司徒官去各地巡视，督促耕作。为了不妨碍农事，还规定在孟夏之月，不得大兴土木，不得征集大批民工，不能砍伐树林，也不能大规模打猎，甚至连审判刑戮，也放到秋天进行。有了这样的规定，种田人更是赶着节令做活，男女老幼齐动手，辛劳至极。正像南宋诗人翁卷在《乡村四月》一诗中所描写的：

绿遍山原白满川，子规声里雨如烟。

乡村四月闲人少，才了蚕桑又插田。

如同许多节日一样，立夏这天民间也有不少习俗和禁忌。

在小麦主产区的河南和山西省夏粮主产区的晋南一带，认为立夏日无雨则主旱，故有农谚说："立夏不下，犁耙高挂"，"立夏无雨，囤头无米"。这是依据节候对粮食丰收的企盼。

而日常生活中，在民间还有立夏日称体重和斗蛋的习俗。

清人秦荣光《上海县竹枝词》中一首写"立夏"风俗的诗作这么说："立夏称人轻重数，秤悬梁上笑喧闺。"

立夏这天要称体重，怎么称？一般来说，就是在屋梁或大树上挂一杆大秤，不分男女老少一律过秤。过秤时双手拉住秤钩，两足悬空；而小孩则坐在箩筐内或四脚朝天的凳子上，箩筐或凳子吊在秤钩上。司秤人一边打秤花，一边讲着吉利话。

体重增加了，叫发福；体重减了，叫消肉。据说立夏之日称了体重后，就不怕夏季炎热，不会消瘦，人们是希望通过称人这个举动添福增寿。

而斗蛋则是孩子们最喜爱的游戏——立夏时节，是蛋类食品的旺季，俗话说："立夏吃了蛋，热天不疰夏。"相传从立夏这一天起，天气渐渐炎热起来，许多人特别是小孩子会有身体疲劳四肢无力的感觉，食欲减退逐渐消瘦，称之为"疰夏"，也就是我们常常说的"苦夏"的意思。过去，在立夏日中午，家家户户煮好囫囵蛋（鸡蛋带壳清煮，不能破损），用冷水浸上数分钟，手巧的母亲还会编织一个彩色的网袋装入鸡蛋，挂在孩子脖子上，据说可以消除瘟疫。有的还在蛋上绘画图案，小孩子相互比试，称为斗蛋。具体玩法是：蛋分两端，尖者为头，圆者为尾；斗蛋时蛋头斗蛋头，蛋尾击蛋尾，一个一个斗过去，破者认输，最后分出高低。蛋头胜者为第一，蛋称大王；蛋尾胜者为第二，蛋称小王或二王。

可能上了岁数的老辈人还有这样的讲究，就是立夏这天小孩忌坐石阶。如果坐了，就要坐七级石阶，才可以百病消散；同样，也忌坐门槛，否则将招来夏天脚骨酸痛。如坐了就得再坐上六道门槛合成七数，方可解魔。过去，做母亲的会择立夏日为女儿穿耳朵眼，穿时要哄孩子吃茶叶蛋。吃茶叶蛋既有消除瘟疫的说法，也有转移孩子注意力的作用，当孩子张口咬蛋时，母亲会趁机一针穿过……

随着时代的变迁和风气的流转，一些习俗也在渐渐地消失。过去，那些特定日子里的讲究，总让人们对天地自然、气候节令心存敬畏。时至今日，我们还能记起多少那样有趣的过往呢？

立夏和立春不大一样。立春的讲究更多一些，要咬春、踏春、打春牛等等，因为那是一年之始，自然要隆重些。但立夏也有吃食的讲究。北方麦区包括上党地区，立夏时有制作与食用面食的习俗，意在庆祝小麦丰收。立夏的面食主要有夏饼、面饼、春卷三种。夏饼又称麻饼，形状各异，有状元骑马、观音送子、猴子抱桃等。面饼有甜、咸二种，咸面饼的用料有肉丝、韭菜等，蘸蒜泥食用。甜面饼则多加砂糖。春饼用精制的薄面饼，包着炒熟的豆芽菜、韭菜、肉丝等馅料，封口处用面粉拌蛋清粘住，然后放在热油锅里炸到微黄时捞起食用。

总之，立夏的食俗，第一是尝鲜，第二是祈福，第三是养精蓄锐，以备即将到来的麦收和"三夏"繁重的农事劳作。

　　春夏相连，但我们对这两个季节却总是有着不同的感受。如果说，春天是戴着温情脉脉的面纱，轻手轻脚地启帘入户，那么，夏天则是洋溢着活泼热烈的激情，大步流星地踏进人间。你瞧，在辽阔的田野上，一个激情似火的夏天正挟风带雨，从苍翠的远山间向我们赶来，一路走过，遍地葱茏……

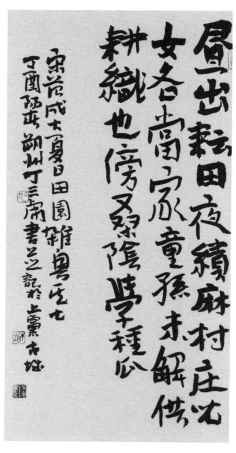

丁三虎 书

夏日田园杂兴·其七 范成大（宋）

昼出耘田夜绩麻，村庄儿女各当家。童孙未解供耕织，也傍桑阴学种瓜。

冬麦将熟·小 满

当时光从春季向着夏季进发的时候,我们不仅目光及处皆绿色,心也早已一片葱茏了!小满时节,虽然花事不再繁华,但树木生机盎然,渐渐成荫,鸟雀在枝头树叶间上下翻飞鸣叫,让这个预示着夏熟作物即将收获的节气,无不充满欣欣然的活力。

"油菜半垂金荚果,大麦垂头小麦黄"。的确,小满是一个令人激动的节气,因为它给人的希望已经实实在在地呈现于眼前:冬小麦开始灌浆饱满,将熟未熟,密匝匝的油菜荚里裹着一包包的油菜籽粒……将满未满之时,更让人满怀憧憬,这真是最美好的时刻——2016年小满交节时刻是公历5月20日,即农历四月十四的22时36分。

小满是二十四节气的第八个节气,也是进入夏季的第二个节气。按农历,它称"四月中气",是四月的标志。当年插队时,那些有经验的庄稼人，总会一遍遍地叮嘱：有小满的月一定是四月。这个时节，到乡间田野走走，从绿浪翻滚的麦田里感受时光到此的丰盈，或许能找回如古代典籍中描述过的"小得盈满"的喜悦——麦粒看起来好像饱满了，其实还未成熟，还没到最饱满的时候。想想古人真是聪明，给这时的节气起了个恰切的名字：小满。这个节气名，古书上多有解释。宋朝人马永卿所著《懒真子录》云："小满在四月中，麦之气至此方小满而未熟也。"明朝人郎瑛在其所著《七修类稿》一书中说："节物至此时，小得盈满。"《月令七十二候集解》中也这样写道："四月中，小满者，物致于此小得盈满。"诸书所言文字略有不同，但意思一样，都说的是冬小麦等夏熟作物籽粒开始饱满，但还没有完全成熟，所以叫"小满"。而在乡间，则流传着"小满小满，麦粒渐满"的农谚说法。不过二十四节气里只有"小满"，没有"大满"，因为半个月后麦粒大满，就要开镰收割了，那个节气叫"芒种"，因此民间又有"小满不满，芒种开镰"的谚语。

写到这里，我们不得不佩服古人命名节气时所蕴含的智慧和哲理。为什么这样说？你看，"小满"的意思是，万物生长，小得盈满，还没有全满。可"小满"之后，并没有节气叫作"大满"，这其中的哲理耐人寻味——最老的史书《尚书》里说："满招损，谦受益，时乃天道。"《易经》里也说："天道亏盈而益谦。"这些话包含着一样的道理，太满了不好。在日常生活中，我们经常听到这样的说法："哪有十全十美的事啊！"十全十美就表示"大满"。而经验告诉我们，往往不论大小事情，的确鲜有"大满"的时候，"大满"就意味着没有了生长的空间。月满则亏，水满则溢，任何事都要把握好一个度，小小的满足，便是大大的幸福。所以说，大成若缺，"小满"便好！

古代将小满分为三候："初候苦菜秀；二候靡草衰；三候麦秋至。"是说小满节气的十五日中，在野地里生长的苦苦菜已经枝叶繁茂；那些喜阴的枝条、细软的草类在强烈的阳光下开始枯死；而在高温和阳光的催生下，夏粮的成熟期到了。

在等待夏粮成熟收割之前，那遍地蓬勃而生的苦苦菜，就成为这个时节最大的诱惑。

苦菜是我们的祖先最早食用的野菜之一。所谓"小满之日苦菜秀"。《诗经·唐风·采苓》有言："采苦采苦，首阳之下。"生活在《诗经》的时代，人们就在首阳山脚下采苦菜。首阳山下有很多苦菜，可是隐居在这里的伯夷、叔齐，还是活活饿死了。他们为了明志，不食周粟，只肯采挖薇和苦菜这些野菜吃。后来，有个刻薄的女子碰到他们，嘲笑说，你们立志不吃周朝的谷物，这苦菜啊什么的，不也是周朝的植物么！这两人没法，只好绝食饿死。说到吃苦苦菜，喜欢看戏的朋友一定知道有一出戏《武家坡》，说的是富家千金王宝钏，为等夫君薛平贵，在寒窑内苦守十八年，没有粮吃，就把附近田野地里的苦菜挖尽吃光，终于等到了那个"打马离了西凉界"的"军爷"，观众最终从舞台上盼到薛王二人重聚。

当然，这些都是关于苦苦菜的传说和演绎，说明这种野菜从古到今跟我们的生活便密切相关。

"小满食苦菜"。稍微上点年纪的人都有着采食苦菜度过饥荒的记忆。在过去贫困的年代，从春三月到夏粮收打之前，正是青黄不接的时候。苦熬过春季的人们，就用这些毫不起眼的野菜和树叶填饱肚子，同时开始收拾镰刀农具，满怀希望地等待着小满节气过后的收获。

是的，苦苦菜曾是人们在过往岁月里一个季节的果腹食粮。我对食苦菜，特别是小时候挖苦菜的情景至今记忆犹新。

苦苦菜三月初发，六月开花，如小小的野菊，漫山遍野都是。若是不小心弄断了它的茎，立即就会流出白的乳汁，自然，味道是苦的。儿时，每到这个季节，就和小伙伴一起手提箩筐，带上小铲去地里挖苦菜。苦菜根茎流出的乳白液汁经常弄在手上，风一吹两只小手便染成土褐色。有几次挖苦菜时，在岩下树上碰到野蜂，几个不安分的小伙伴就壮着胆子捅马蜂窝，结果被惹怒的马蜂给蜇了。疼痛难忍，我们就用苦菜根茎的乳白液汁涂抹在被蜇处，一会儿疼痛便可缓解。

那时，只知苦菜能吃，并不了解其药用价值。长大后，才在书本中对这种贫困年代人们充饥的野菜有了进一步的认识：苦苦菜营养丰富，含有人体所需要的多种维生素、矿物质、胆碱、糖类、核黄素和甘露醇等，具有清热、凉血和解毒的功能。《本草纲目》载："（苦苦菜）久服，安心益气，轻身、耐老。"医学上多用苦苦菜来治疗热症，过去人们还用它醒酒。

直到今天，每到小满节气前后，我还会和家人一起去野地里挖苦菜、捋槐花……既尝野味，也锻炼身体。整个过程乐此不疲——将采回来的苦菜、槐花焯熟，冷淘攥干，调以盐、醋、蒜泥或辣油凉拌，清凉辣香，爽口之极。苦苦菜，是大自然馈赠给我们的保健食品。

以前吃苦菜是为了充饥，如今小满时节吃苦菜，却是为了尝个新鲜，清除体内的积火。

在我的记忆中，所采食苦菜大都是在北方，而吃南方的苦菜却令我终生难忘，铭记在心。

那是十多年前，我重走长征路时，在井冈山、瑞金等地吃过几次南方的苦菜。当地人把苦菜称为"红军菜""长征菜"。那里的苦菜比北方的稍大，叶茎有点淡淡的红色。每次要吃苦菜时，当地人总会给我唱起这样的歌谣："苦苦菜，花儿黄，又当野菜又当粮，红军吃了上战场，英勇杀敌打胜仗。"当年红军离开瑞金，在于都集结并跨过于都河，开始了艰苦卓绝的两万五千里的铁血长征。长征途中，曾以野菜包括苦苦菜充饥，渡过了一个个难关。

我吃过的野菜，苦菜不在少数，但在井冈山、瑞金这些地方专门吃苦菜，除了体验当年红军生活艰苦外，是想着多吃几次"红军菜""长征菜"，也好给自己接下来的重走长征路有个吃大苦的心理准备！

有些记忆真是难以忘记，就如我吃过的"红军菜""长征菜"。回想起来，这都是我人生的特殊经历。

说罢小满时节有关苦菜的记忆，这里该说说小满节气的农事了。农谚说"小满天赶天"，意思是说，小满的时候，农民们非常繁忙。春播已经结束，即将进入三夏大忙期间，人人都动员起来，即使在外打工的人员也得回来，做好夏收前的一切准备工作。同时还要做好给麦地点种秋季作物的工作。因为夏收和点种同时进行或者间隔不长，如果不抓紧时间，不能及时点种就会影响秋季作物的收成。

这时的忙碌准备，就是为了迎接即将到来的夏粮收割。而往往小麦即将成熟的时候又是最叫人放心不下的时候。看着田野里绿浪翻滚的麦田，农人们的心情既喜悦又担心："小满不满，麦有一险"，这一险，就是"干热风"的侵害。小满时节，正处在将熟之际的冬小麦，对高温干旱的反应十分敏感。如果出现"干热风"，就会使小麦蒸腾加快，以至于枯死，导致小麦灌浆不足不能正常成熟，造成减产。所以农谚说："麦怕四月风，风后一场空。"因此，小满期间，人们往往要祈祷老天能下几场丰沛的雨，让麦们吃饱喝足好长得壮实饱满。我想起九十年代，每年小满期间麦子即将成熟时节，市里都要举行全市小麦观摩会。那时候，上上下下非常重视农业生产，每逢小麦观摩会，市领导和各县区及相关部门负责人，都要深入到麦田地头观摩指导。遇到好年景，望着一块块即将成熟的麦田，大家兴致勃勃，总会由衷地感叹："麦收八十三场雨，今年场场都是及时雨啊！"如果天不作美，还会现场指导工作，要求各地及时浇好麦黄水，并采取措施，预防"干热风"和"倒伏"的危害。

这些年，社会经济的增长点多了，传统的农业生产结构也发生了变化，以往的小麦观摩会也早已不再。在这里，我只想说一句话：农业不仅仅是吃饭问题，还维系着国家的安危，任何时候都不能放松粮食的生产！

小满节气，我们应该怀着感恩的心情到正在灌浆抽穗的麦田间走走，去感受"小得盈满"的喜悦！或许还能从中感悟到人生成长的快乐！

看过孙犁先生 1956 年创作的《铁木前传》的读者一定还记得，小说中有个 19 岁的姑娘，名字叫小满，她性格活泼，招人喜欢。孙犁先生写出了小满身上那个特定年代的时代烙印，更突出了她的纯洁和天真。我猜想，他给这个 19 岁的姑娘起这样的名字，也许就是要她更充满对爱和对新生活的渴望吧？只有这样的年龄，才会有这样清新的朝气和天真的憧憬。而去年上映的电影《万物生长》，男主人公秋水的初恋情人，是个只有 17 岁的姑娘，名字也叫小满。在文学影视作品中，喜欢用节气给人物作名字，这里或许隐藏着作者对民俗文化的认同和传承。

"小满小满，小麦渐满"。民谣里这样说，是说小满节气小麦灌浆饱满，青青的麦穗初露。这时节的小麦就像青涩的少女一般，还没到一片成熟的金黄。而人生的小满节气，正如文学影视作品中的人物一样，是最富有生机和朝气的年轻姑娘。她涉世未深，清浅如水，充满纯真和对未来的想象，或许刚刚品尝到初恋的滋味，世界上还有比初恋更让人觉得美好而难忘的回忆吗？

小满，这个节气，如此和人生、情感交融，和心理、生理契合，这在二十四节气里是少见的。

小满 欧阳修（宋）

夜莺啼绿柳，皓月醒长空。最爱垄头麦，迎风笑落红。

李剑芳书

夏收时节·芒 种

今年的气候有些反常，按正常年景小麦灌浆期间天气应该很热了。即使下几场透雨，也是雨后便腾起了热浪，这样才有利于小麦的饱满成熟。可眼下的气候总是令人隐隐担忧，一遇阴天下雨便要降温，这让正在灌浆抽穗的麦子们无所适从啊！

小满节气的最后几天，气候总算有点夏天的模样了。人们就在这样的时光中细数着一个个日子，深情地巴望着原野上那绿浪翻滚渐变为满地金黄的麦田，等待着芒种节气的到来——2016 年芒种交节时刻是公历 6 月 5 日，即农历五月初一的 13 时 48 分。

芒种是个物候类节气，在二十四节气中排第九个。按农历，芒种属于五月的节气，《月令七十二候集解》称："五月节，谓有芒之种谷可稼种矣。"意指大麦、小麦等有芒作物已经成熟，抢收十分急迫。芒种期间，在抢收小麦的同时，还要在收割后的麦地抢种赶茬作物，比如大豆、晚玉米……因此，"芒种"在一些乡间，被农人们戏称为"忙种""忙着种"……所以说芒种节气是农人们抢收、抢种和田间管理最为繁忙的时候，就是我们常常说的"三夏"大忙时节。

小时候我对沿袭至今、影响农事生产的"四时八节"和二十四节气一概懵懂，反而对啃糠疙瘩、挖野菜和一年当中只有年节时才能吃到白面这样的乡村生活经历记忆深刻！后来的知青生涯，跟着乡亲们生产劳动，依序而作，才对时序节气有了一个浅显的认识。那时，人们常说："人误地一时，地误人一年。"地里的农事、乡村的生活无不按照节气来安排，一件赶着一件，哪敢放松懈怠！再后来我逐渐成长，便对这些节气有了自己的理解，比如芒种的"芒"，指的是有芒作物，就是抢收麦子；芒种的"种"，就是抢种赶茬作物。一个节气里既包含收获，又包含播种，这在二十四节气中是绝无仅有的，足见芒种节气农事之繁忙、内容之丰富。的确，一边收割一边播种，让成熟和成长在同一时刻呈现，唯有芒种节气才可以有这样的景象！

芒种这个节气对于农事来说极其重要。过去有民谚一直流传至今，叫作"春争日，夏争时"。这里的夏，指的就是芒种这个既要收获又要播种的节气，其忙碌的程度要以"时"来计算，远超过春季以"日"来计算的。过去还有一句谚语，叫作"芒种芒种，忙收忙种"，说的就是这个节气的忙碌劲儿。芒种到，麦开镰，"龙口夺食"莫迟延。这时节，人人起早贪黑，头顶烈日抢时收打，唯恐天不作美，雷雨倾盆。那样，到嘴的麦子就可能吃不上，一年的辛苦就白费了。

的确，小麦从播种到成熟收割太不容易了。在芒种节气到来、小麦即将开镰收割之际，让我们回头看看麦子的成长经历——在所有的庄稼中，冬小麦可谓"受尽磨难"，农人们为此付出的辛劳也最多。"白露早，寒露迟，秋分种麦正当时。"从秋分下种，过寒露，到霜降，麦苗就出土了。麦苗出土不久，就面临着冬天的到来，要浇越冬水；接下来，立冬、小雪，要追施盖苗肥，灌冬水；大雪、冬至要压麦田，防止土松跑墒和冻害；如果在小寒、大寒和立春期间，下几场厚厚的大雪，麦苗在如棉被般的雪衣下安全越冬，就再好不过了。到雨水、惊蛰，冬麦陆续返青，睡了一个冬天的小麦要起身了，这时要追返青肥；清明时，小麦开始拔节，要施拔节肥，灌拔节水；谷雨麦怀胎，立夏麦扬花，小满麦定胎灌浆，这期间，除了适时灌溉、中耕，还要防御病虫害发生，防御干热风侵袭；经过"九九八十一难"，到芒种小麦成熟了，还有一难，就是防御阴雨天倒伏和烂场，直到抢收抢打颗粒归仓，人们悬着的心才总算落地。掐指算来，从上一年的秋分下种，到来年的芒种收割，冬小麦历经秋冬春夏，度过十八个节气，实在不易，正如古诗所说"谁知盘中餐，粒粒皆辛苦"，一点也不夸张啊！

我们都知道白面好吃，当我们端起饭碗时，还能想起麦子们经历了怎样的秋冬春夏，农人们为了有个好收成付出了多少的辛劳吗？

之所以说这么多，其实就是一句话：我们吃到嘴里的每一粒粮食都来之不易！

俗话说，麦熟一晌。芒种节气一到，原野就如梵高画笔挥洒出的颜色一般，遍地金黄。麦子们就如列队的士兵，高举麦芒迎着太阳的光芒，骄傲地等待农人的检阅与收割。

说起芒种，我会忍不住想起插队时的情景，每到临近芒种节气，乡间就弥漫着一种大战在即的气氛。阳光炽烈的乡间五月，沙沙的磨镰刀声响成一片，让人有一种莫名的兴奋。一声"开镰啦——"的呼喊，乡亲们就会手握镰刀，急切地扑向金黄色的麦田，扑向自己亲手侍弄成熟的麦们。人们挥舞镰刀，呈等边梯形状次第收割前行，推动着一波接一波的麦浪。这时候，生产队有经验的老农会站在地头，掐下一个麦穗，在掌心里揉搓，吹掉麦芒和麦壳，低头细心地数着麦粒，然后一仰头将麦粒放在口中，一边嚼一边报出这块地小麦的大概产量，那满足的神态全写在沧桑的脸上……

说实话，我对抢收小麦有着一种本能的恐惧。插队五年，我最害怕干三种农活：割麦、间谷、锄玉茭。就说割麦子吧，五黄六月的大热天，曝晒在没遮没拦的太阳下，从地头开始挥舞镰刀，弯腰割麦。大家依次跟着领头人，每人收割几垄，镰刀翻飞间，一捧捧的麦子就整齐地躺倒在地。经常是，他们从那边地头收割回返，我才割麦到半路。腰痛得直不起身，汗水把眼睛蜇得生疼，即使我手忙脚乱顾不上擦汗，也死活撵不上手脚麻利的乡亲们……回头看，我割的麦茬高低不一，丢散的麦穗也多，看着乡亲们的活计，真是无地自容。放眼望去，地中间孤零零地剩下我那往返的几垄麦，在骄阳似火的麦田里令人绝望！

常听老农们念叨"龙口夺食"，是说芒种收割小麦时，跟老天抢时间,万一遇上雷雨天,尤其是冰雹天,到嘴边的麦子也怕吃不成。我记得有一年抢收小麦时,由于连续几天大雨,收割回来的小麦无法碾打,眼睁睁看着堆在麦场上泡在雨水里。待天晴升温后,一少半的小麦已经出芽,一年本就吃不上几次白面的乡亲们真是欲哭无泪——除交了公粮,能分到手的小麦已所剩无几。

当然,现在都是机械化了,除了交通不便的偏远山区,绝大部分地方都是联合收割机收割小麦,夏粮收打的时间缩短,人们再也不像以前那样受罪了。

虽然我害怕割麦子之类的农活,曾是一个非常糟糕的"庄稼汉",但丝毫不影响对庄稼的歌唱,不影响对农民兄弟的热爱。因为,是他们在土地上的精心播种和辛勤劳作,才有了我们的一日三餐。

上面说了那么多小麦从播种到收割的不易,就是想提醒今天生活富足的人们,不要忘记土地,不要忘记农民,更不要浪费粮食。接下来,我们该说说有关芒种的物候与民俗了。

古代将芒种分为三候:"一候螳螂生;二候鹀始鸣;三候反舌无声。"在这一节气中,螳螂在上一年秋天产的卵破壳而出,然后快速成长,成为一个举着两把锯齿形大刀的"杀手"。与其相关的成语我们都非常熟悉:"螳螂捕蝉,黄雀在后""螳臂当车",等等。然后喜阴的伯劳鸟开始出现,并且在枝头上婉转鸣叫。伯劳鸟只比麻雀稍大,但性情凶猛,常常捕食昆虫、蜥蜴、蛙类等。说起伯劳鸟,自然会想到一个成语"劳燕分飞",这个成语出自《乐府诗集·东飞伯劳歌》:"东飞伯劳西飞燕,黄姑织女时相见。谁家女儿对门居,开颜发艳照里闾。南窗北牖挂明光,罗帷绮帐脂粉香。女儿年几十五六，窈窕无双颜如玉。三春已暮花从风，空留可怜与谁同。"伯劳与燕子一样，都是候鸟。我插队的山村，常常可见伯劳鸟，当地的人们称其为"胡燕"。而说起反舌鸟则与伯劳鸟不同，《礼记·月令》说："反舌鸟，春始鸣，至五月稍止，其声数转，故名反舌。"这个从早春二月开始婉转啼鸣的鸟儿，据说会学其他多种鸟鸣，甚至连小鸡的叫声也会学，而进入芒种节气因感应到了阴气的出现反而停止了鸣啭。

自然界有着许多谜样的事物，只要我们留心，就会领略到各自不同的美妙。当然，随着时光的推移，不同的节气，人间的风俗也千姿百态。

南朝梁代崔灵思在《三礼义宗》中说："五月芒种为节者，言时可以种有芒之谷，故以芒种为名。芒种节举行祭饯花神之会。"因为芒种节一般在农历五月间，故又称"芒种五月节"。根据古老的说法，芒种节过后，群芳摇落，花神退位，人世间便要隆重地为她饯行。我在写春分节气的那一章中，曾写到古代民间在二月十二给百花过生日，称为"花朝节"。花朝节上，人们都要迎花神。而芒种时节，已是五月，"芒种蝶仔讨无食"。此时，百花开败，蝴蝶没有花粉可采了。所以，古时民间，人们多在芒种日举行祭祀花神仪式，饯送花神归位，恭迎夏君，许是为了感恩，期盼来年与百花再次相会。

祭饯花神，成了芒种时节最风雅的事。

《红楼梦》第二十七回"滴翠亭杨妃戏彩蝶，埋香冢飞燕泣残红"中写道："凡交芒种节的这日，都要设摆各色礼物，祭饯花神，言芒种一过，便是夏日了，众花皆卸，花神退位，须要饯行。然闺中更兴这件风俗，所以大观园中之人都早起来了。那些女孩子们，或用花瓣柳枝编成轿马的，或用绫锦纱罗叠成干旄旌幢的，都用彩线系了。每一棵树上，每一枝花上，都系了这些物事。满园里绣带飘飘，花枝招展，更兼这些人打扮得桃羞杏让，燕妒莺惭，一时也道不尽。"

"干旄旌幢"中"干"即盾牌；旄、旌、幢，都是古代的旗子。旄是旗杆顶端缀有牦牛尾的旗，旌与旄相似，但不同之处在于它由五彩折羽装饰，幢的形状为伞状。由此可见大户人家芒种节为花神饯行的热闹场面，也体现出古人对大自然的亲近以及对生态的敬畏和重视。

如今，芒种时节祭饯花神这等风雅之事已然消失，然而"芒"和"种"这等最辛苦的劳作依然代代相传，生生不息。在这个"三夏"大忙的节气里，人们还会迎来一个传统的节日——端午节。

这是仲夏的第一个午日，艳阳多照于天，天和气清，是一个充溢热浪的日子。可是，这个日子却因了屈原、伍子胥、曹娥，背上了一个不祥之名。相传，正是在五月初五日，屈原于汨罗江自沉。人们为了打捞他，将粽子扔入水中让鱼虾有食可吃，不致打扰亡者的安宁。人们虽然没有打捞起屈原，却打捞起一个节日。于是，才有了划龙舟竞渡，才有了端午的习俗。

端午的传说，也发生在伍子胥的身上。这位历史上有名的直臣，因谗被弃，死后还被夫差扔入河底，不得入土为安。他的贤能和冤屈让后人感喟，因而在端午加以纪念。而孝女曹娥的传说则更加悲惨，为了寻找父亲入河而溺的尸体，她于五月初五投江，以身殉父，得以成全孝道。

即便抛开这些不说，端午日，在民间的传说中也是个不吉利的日子。

五月被认为是毒月，五月初五这一日更是毒日，暑气上升，蝎子、蛇、壁虎、蜈蚣、蟾蜍五毒齐出。所谓五毒，不仅身有剧毒，还偏偏形貌丑陋。除了这些自然的毒物，端午，更是邪灵作祟之时，鬼魅并出，为害人间。古时的端午日，人们饮雄黄酒防蛇，熏艾草驱虫，同时，人们也佩戴虎符，镇邪祛魅。蛇怕雄黄酒的说法，给人最形象的记忆便是传统剧目《白蛇传》：许仙受法海指使，劝白娘子饮下雄黄酒，结果现出原形……

时至今日，一些习俗已渐渐消散在年年夏日的阳光下，但家家包粽子、门前插艾草的风俗却将这个有着恶名的端午日，演变为一个纪念诗人屈原、具有诗性内涵的节日。就如此时南方诸多的江河上，一支支龙舟正在人们冲天的呐喊中如利箭般从眼前飞过，成为这个粽香弥漫的节日里，人间纪念诗神活动的盛大狂欢。这样的情景，令人想起沈从文先生《边城》中描写过的"端午"。

而狂欢的背后，是烈日下大地上的辛勤劳作。

繁忙的乡间五月，人们只是在匆匆地吞下一个香甜的粽子后，便立即转身投入到忙碌的农事中。

所有的付出为的是日子的安稳富足。那新麦下来后的第一顿喷香的白面馍馍或者第一顿细长滑溜的面条，对人们的辛苦劳作都是莫大的安慰。咂摸着嘴里的新麦香味，那种踏实感会油然而生：手里有粮，心中不慌啊！

日子忙碌且热烈，时光荏苒而悠长。夏粮抢收后颗粒归仓，晚播作物正破土生长。这时节，再落一场透雨，恰似服下一剂清凉。风调雨顺的年景，便是这般模样！

　　蝉鸣四起的时候，天地充实、万物丰满的盛夏，正在烈烈的阳光下向我们走来。

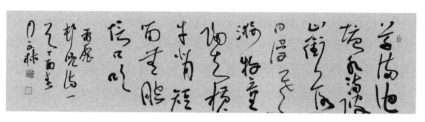

许文林书

村晚 雷震（宋代）
草满池塘水满陂，山衔落日浸寒漪。牧童归去横牛背，短笛无腔信口吹。

日长之极·夏 至

　　时近夏至，气候本应在炽烈的阳光下愈发炎热，可今年夏至前的气候却总叫人担心。本是麦熟时节，老天竟几乎日日一场雷暴雨。暴雨来时，电闪雷鸣，风雨交加，这样的天气让人对将要收割的小麦十分揪心。更令人心惊的是6月13日下午4时许的长治，一场突如其来的大冰雹，整整下了近40分钟！好多大秋作物、蔬菜瓜果被砸的一塌糊涂，无数轿车的玻璃也被砸烂，车身伤痕累累……面对如此天灾，到嘴边的小麦咋能经受起这样的折腾？！许多老人说，活了一辈子都没见过这么大的冰雹！俗话说："雹打一条线"，但愿雹灾范围不大，祈祷守望麦田的人们有个好收成！

　　谁料想，夏至交节前一天下午，一场倾盆大雨再次袭来，霎时间水流成河——这个夏天的确不太平啊！

　　但不管如何，时光不紧不慢地走到此刻，日子就在热烈忙碌中步入了夏至。夏至是二十四节气中的第十个节气，也是入夏以来的第四个节气——2016年夏至交节时刻是公历6月21日，即农历五月十七的6时34分。到此，今年的夏季恰恰过了一半，正值所谓的"仲夏"。

世间万物，到了壮年，生命力显得最为旺盛，被称为盛年、盛期。光阴走到仲夏，江山溢彩滴翠，处处万木葱茏，勃勃生气逼人，这时节，被人们叫作盛夏。

一生一壮年，一年一盛夏。就是在这样一个热烈蓬勃的时节，一年当中白天最长的一天冉冉降临，正所谓"日长之极"。夏至这天，太阳光直射北回归线。整个北半球，均是一年中白昼最长、夜间最短，日影也最短的一天。而且，愈是向北愈是昼长夜短。我们可以留意一下，长治地区夏至这天的白昼大约是十五个小时。在我国内蒙古的满洲里和黑龙江的漠河一带，白天长达十六七个小时。当然，如果你身处北极圈，夏至这一天的二十四小时，太阳都在地平线上空转圈，你会感受到只有漫漫白昼，不见沉沉夜幕的奇观。这是多么有意思的体验！

我们虽然不在北极圈，但也不乏关于夏至的有趣体验。这让我想起自己少年夏天的一些趣事。那时候，一群小伙伴总会在夏至这天正午，趴在村中老槐树下的井口边，看正午的阳光从井口直射到井底水面上，水面周遭都是倒影晃动的小脑袋，凉气逼人的井筒中满是瓮声瓮气、乱作一团的回音……我对这个一年当中只有这一天才能看到阳光照射到井底的现象充满了好奇；我们还会站到正午的太阳底下，寻找自己的影子。可是哪里还有自己的身影呢？转着圈找也找不到。热烈的阳光下，小伙伴个个满头大汗，兴趣盎然，不清楚平时在太阳底下那些长长短短的身影都到哪里去了？大家你一言我一语地猜测：影子钻到地底下了！正当我们以十分有限的常识议论时，往往会听到大人们一声吆喝："日头底下太毒，快快回来歇晌！"于是，大伙儿十分不情愿地分手。回家躺在炕上哪里能午睡得着，满脑袋里都是一些奇妙的幻想……

少年的疑惑，在后来的课本上得到解答和印证。回想当初，那种天性自由释放的成长过程是今天的孩子们无法体验的！

时序轮回转，夏至年年过。每逢夏至节气来临，都会想起儿时印象深刻的情景。只不过，对夏至的认识已不再是儿时的好奇，而多了一份对节气的科学认知。

夏至这个节气，是我国最早测出来的。相传在四千年前的唐尧之世，先民就根据天象的变化，用土圭测出正午日影最短的一天，这天就是夏至。因为夏至这天白昼最长，所以古时叫"日永"。《书经·尧典》中有这样的记载："日永星火，以正仲夏。"在《管子》一书中，"日永"就改作"夏至"了。对于夏至的特点，我国古代多有解释。陈希龄的《恪遵宪度抄本》一书说得尤其明白："阳气之至，阴气始升，日北至，日长之至，日影短至，故曰夏至。至者，极也。"

这里说了夏至的三个"至"——"日北至""日长之至""日影短至"。在前文中，已经说过"日长之至"、"日影短至"的意思。"日北至"是说太阳光直射地面的位置已到了最北端，即到了北回归线。过了夏至，太阳光的直射点开始向南移，白昼一天天变短，而夜晚则一天天拉长。因此，民间有"吃过夏至面，一天短一线"的说法。节气循环的自然现象，让我联想起小时候曾读过的一本繁体字书，那本书没有封面，至今也不知书名，在传阅中早已被翻得破烂不堪，那个年代，谁没读过几本无皮卷边儿的书啊？！书虽残破，但我依旧读得津津有味。书中的道理和一些句子一直刻在脑海里，其中有一句至今难忘："夏至后天渐短短至极处，必有个冬至节一阳来复……"看起来说的是季节轮回四时往复的自然规律，背后却包含着生活哲理——时光就是这样不声不响地启发着我们，让我们明白物极必反、盛极必衰、过犹不及、否极泰来这样一个个道理。

的确，夏至是一年中阳盛到极点的时刻，按古代传统科学的解释，阳盛到极点时，没有丝毫的停留，阴气就开始从地底上升，所谓"阳气之至，阴气始升"，所以夏至又称"一阴生"。夏至过后，白昼渐短，阳气一日日减弱，阴气一天天上升。直到冬至，阴气达到极盛了，阳气重又升起。如此循环往复，推动四季运转，万物生长，生命交替。中国人追求天人合一，或许就是对这个大循环的向往吧。

"阴气始升"的夏至节气分为三候："一候鹿角解，二候蜩始鸣，三候半夏生。"意思是说，属阳性的鹿，因为在夏至这一天，感觉到了阴气，头上的角就开始脱落下来；后五日地下的蝉感受到了阴气，也匆忙爬到树的高处，开始一夏的嘶鸣；再五日半夏开始破土而出。半夏是一种喜阴的药草，因在仲夏的沼泽地或水田中出生所以得名。这是一种有毒植物，不小心吃了，立刻就会口舌发麻。可万一有鱼刺鲠在喉咙，半夏却能治疗。如果被蝎子蜇了，拿半夏的根捣烂，敷在伤口上，以毒攻毒，也能很快止痛。

自然界的许多事物都是相辅相成、相生相克的，就如以毒攻毒的半夏。前人贡献了他们的智慧把这些总结出来，还需要我们在前人的基础上作进一步的认识。

尽管夏至这天动物都会感应到"阴气始升"，但天气不会凉爽下来，反而会越来越热。民谚说"冷在三九，热在三伏"，你瞧，"三伏天"就在前边不远处等着呢！对这样的现象我们应该有所了解：天文历法中的"夏至"与气象学中的"盛夏"不是同步的。夏至后白天开始渐渐变短，可由于地面接收热量的积累效应，天气还要继续热下去，到"大暑"节气前后才热到顶点，那就是"三伏天"期间。这些年，由于气候异常，每到这时，就成了令人难捱的"桑拿天"！

虽然说夏至是个天文类节气，可是新麦登场，秋苗茁壮，这时节的民俗活动，更多是与收获有关。祈求丰收的"夏至节"最早出现在秦汉时。秦时还将夏至确立为四大节气之一，这四大节气便是春分、夏至、秋分、冬至。

夏至时值麦收，自古以来有在此时庆丰祭神之俗，以祈求消灾年丰。因此，夏至作为节日，很早就纳入了古代祭神礼典。《周礼·春官》载："以夏日至，致地方物魈。"周代夏至祭神，意在清除荒年、饥饿和死亡。一直到今天，有的地方还举办隆重的"过夏麦"活动。《史记·封禅书》记载："夏至日，祭地。"明清时期的京城，每逢夏至，皇帝都要率领文武百官到地坛举行隆重的祭祀仪式，感恩天赐丰收，祈求获得"秋报"。

史书记载，宋朝过夏至最为隆重，夏至日始百官要放假三天，与家人团聚避暑。所以说，夏至在古代既有很浓厚的祭神风气，也是一个避暑消夏的节日。据说流传至今的吃面等习俗便与祭神和消夏有关。时至今日，一些祭神的风俗大多消失在历史深处，难得寻觅，唯夏至尝新麦、吃面食的习俗依然代代流传。

"冬至饺子夏至面"，夏至尝新麦，那是勤劳的人们一年的期待。在这个夏日炎炎的时节，谁不想美美地吃一碗过水凉面呢！

上党地区的乡村，就有这样的风俗习惯。每年夏至新麦收打完毕，农事再忙碌，家家也要淘洗些新麦磨成面粉，赶在夏至这天全家一起吃一顿"过水面"。新麦面粉，麦香四溢。巧手利索的家庭主妇，怀着欣喜的心情和面、揉面、擀面，一家人闻着面香，看着长长的面条在开水沸腾的锅里起伏翻滚，满足的心情溢于言表。一年的祈盼，一年的辛劳，一年的收获都挂在满脸的笑意里。馋嘴的孩子们早把打上来的一盆冰凉的井水，放到锅台前，待面条捞至凉水盆中，冷淘片刻再捞到碗里，浇上卤子、臊子，佐以芝麻酱、黄瓜丝，再配之以几粒新蒜瓣……一家人坐在院落中阴凉之地，当筷子挑起碗里长长的面条，顺滑地送入口中，味蕾间便品尝到这个悠长夏日的美好时光。家人们边拌边吃，大快朵颐，此起彼伏的吸溜声伴随着扑鼻的香气弥漫在庭院，那吃得真叫一个酣畅痛快！

汗水和收获全化作眼前的饭香，人间至味也不过是夏至此刻的一碗凉面！

夏至期间吃凉面、食生菜自有其道理。因为这个时候气候炎热，吃些生冷食物可以降火开胃，又不至于因寒凉而损害健康。还有一种说法是"头伏饺子二伏面，三伏烙饼摊鸡蛋"。饺子、面、烙饼都是新麦下来的面食，鸡蛋也是这个季节最新鲜最营养的食物。因为这时节天气炎热、农事繁重，身体消耗大，这样的饭食可把人补得壮实。

吃罢夏至面，日子就开始了"夏九九"。人们都知道冬季有数九歌，而对"夏九九"却知之不多。

"夏九九"便是从夏至开始的。是从夏至这一天为起点，每九天为一个九，九个九共八十一天。同"冬九九"中三九、四九最寒冷一样，"夏九九"的三九、四九是全年最炎热的时候。它与"冬九九"形成鲜明的对照，遗憾的是"夏九九"流传不广。其实，"夏九九"生动形象地反映了日期与物候的关系。

我看到过一个史料，说是在湖北省老河口市一座禹王庙正厅的榆木大梁上写有《夏至九九歌》，这里全文记录算作一个资料：夏至入头九，羽扇握在手；二九一十八，脱冠着罗纱；三九二十七，出门汗欲滴；四九三十六，卷席露天宿；五九四十五，炎秋似老虎；六九五十四，乘凉进庙祠；七九六十三，床头摸被单；八九七十二，子夜寻棉被；九九八十一，开柜拿棉衣。

而北方乡间流传"夏九九"歌最能反映上党地区的气候特点：一九至二九，扇子不离手；三九二十七，冰水甜如蜜；四九三十六，汗湿衣服透；五九四十五，树头清风舞；六九五十四，乘凉莫太迟；七九六十三，夜眠寻被单；八九七十二，当心莫受寒；九九八十一，家家找棉衣。

让我们从此刻开始，数着"夏九九"，在竹帘高挂、手执蒲扇的日子里，于广阔的精神空间寻访流逝的天真，找回往日的节气感受，过一个美好曼妙的夏天——

清晨，听屋檐下燕子的细语呢喃，看燕巢中乳燕不停地张嘴叫唤，让父母忙碌地喂食；正午间"知了啊知了啊"蝉鸣，渲染的天气更加炎热，那我们就等着夜晚降临吧。等这个长长的白昼过去后，坐在星光下，欣赏一场蛙鸣音乐会。在这些多声部的合唱中，在一片蛙声的夏夜里，追逐扑打或明或暗、或高或低的萤火虫；累了，就躺在阳光照射了一整天的青石板上，寻找那些熟悉的星星，于天心横亘的银河和铺天盖地的星光下，感受宇宙的浩瀚和时光的美妙，在这份天真里找回那怕是一丁点浑朴未凿的童趣啊！

竹枝词二首·其一 刘禹锡（唐）

杨柳青青江水平，闻郎江上踏歌声。
东边日出西边雨，道是无晴却有晴。

程旭清书

温风吹来·小　暑

　　节气总是那么守时，光阴总是那么守信，该来的时候一刻也不耽搁。这不，刚刚尝过夏至的"过水面"，小暑节气就携着温风赶来了，一年当中最热的一段时光就此开始——2016 年小暑交节时刻是公历 7 月 7 日，即农历六月初四 00 时 03 分。

　　时至小暑节气，热风吹拂，湿气蒸腾。《易·系辞上》说："日月运行，一寒一暑。"这一冷一热的两极，是时光流转的自然规律。人，就是顺应着这样的天地时序来休养生息。小暑，意思就是"小热"，指天气开始炎热了，但还没有到最热的时候。故《月令七十二候集解》说："六月节……暑，热也，就热之中分为大小，月初为小，月中为大，今则热气犹小也。"热到极致的时候应该是大暑节气。小暑大暑相连而至，这一个月内扑面而来的都是滚滚热浪。二十四节气虽然是古人根据黄河流域一带的气象、物候知识制定的，但到了盛夏，南方、北方的气温差异很小，都十分炎热，民间有"小暑大暑，上蒸下煮"之说，所以小暑、大暑的含义与全国大部分地区的气温状况基本上都是符合的，只是南方的湿气比北方更甚，正所谓溽暑时节也。

盛夏溽暑。溽者，湿也，热也。"挥汗如雨"四字，正是此时的滋味。这挥汗如雨的溽暑时节，田野的农事一刻也耽误不得。地里杂草旺盛、害虫滋生，农人顶着酷暑毒日，抓紧大秋作物的田间管理，锄地除草；麦田收割后赶着复播大豆；一些经济林果也得加紧喷洒农药，比如核桃果实就要防止"核桃黑"病；还有小满时播种的晚谷子出苗也有一拃高了，该间谷苗了。我记得在前边"芒种"一文中提到过，当知青插队五年，我最怕干三样农活，割麦、间谷、锄玉茭。间谷苗的确是一个难受活计，从地头蹲下，手握尺把长的韭镰，沿着谷垄苗，边除草边间谷苗。壮实的谷苗留下，大概一寸半的株距……如此这般，要从地这头一直蹲着干活挪到地的另一头，然后接着回返。往往一趟下来腰痛腿麻无法站立，就如受刑一般。"一趟赶不上,趟趟受张慌"，看着知青们在地头腰痛站不住的狼狈样子，乡亲们就会拿我们说笑话，开头总是这样的——

说是有一对父子在地里间谷苗，儿子还小，干不一会就直喊腰疼。父亲见状训斥道：小孩子家哪有腰啊！小儿子颇不服气，到地头将自己手里的韭镰别到后腰，然后嚷嚷说，韭镰找不见了！父亲就在地里巡睃，儿子也假装跟着寻找。父亲突然发现韭镰在儿子后腰上别着，就喊了一声：韭镰就在你腰上别着，真是骑驴找驴哩！儿子要的就是这句话，马上反驳道：你不是说小孩家没腰哇！这本来是说小儿子机智的一个笑话，可憨厚的乡亲们专门断章取义——在地头歇息时，自在地装上一锅旱烟，一边撩起衣襟擦汗一边"吧嗒吧嗒"地过烟瘾，看着我们到地头直喊腰疼的样子，他们总是眯缝着双眼，透过口中吐出的烟雾，善意地奚落道："就是，小孩子家哪有腰啊！"说完哈哈大笑。不等笑声落下，就将烟袋锅子朝鞋底上一磕，说声"做活哇！"立马蹲在谷垄间手脚麻利地向前挪去……

这样的情景至今记忆犹新，是因为小暑交节前间谷苗的农活太遭罪了。溽暑时节，天地间热能蓄积已久，再加上这时节雷雨频频，间谷苗长时间蹲在地里，头顶炎炎烈日，地下热气蒸腾，令人无处躲藏，汗水从头顶直往下淌，衣服早已被汗水浸湿。可间谷苗又是个仔细活，快不得却也急不得，只能咬牙坚持。

而农活再累，乡间的暑天总有一幅纳凉消夏图景——上了岁数的老人们，坐在浓密的树荫下，一个大搪瓷茶缸放在脚边，手摇芭蕉扇，长长短短的念叨总离不开庄稼与农事："头伏萝卜二伏菜，三伏不尽种油菜。"末了，会像个智者一样说道："时节都是天管着哩，该热的时候就得热，不热庄稼咋生长啊！"言毕，端起茶缸深深地喝一口，一副满足自得的神态。

乡间老人很有些古意，充满对光阴的警觉与热爱，时刻以自然图景提醒着人们要惜时和勤勉。

唐代元稹的《咏廿四气诗·小暑六月节》一诗，就给我们描绘了一幅时至小暑的时光图景："倏忽温风至，因循小暑来。竹喧先觉雨，山暗已闻雷。户牖深青霭，阶庭长绿苔。鹰鹯新习学，蟋蟀莫相催。"诗的后两句出自《礼记·月令》："温风始至，蟋蟀居壁，鹰乃学习。"指热风来临，所以蟋蟀都躲到墙壁里去避暑，雏鹰也开始学飞翔了。这种说法后来演变成将小暑分为三候："一候温风至；二候蟋蟀居宇；三候鹰始鸷。"后一句，指老鹰因地面温度太高而改为在清凉的高空中翱翔。

谁能感知，闷热的暑气底下，秋天的肃杀之气正悄然滋生呢？这初生的寒气，只有一些极其敏感的动物才知道。譬如蟋蟀，譬如蝉，譬如鹰。《诗经·七月》上说："七月在野，八月在宇，九月在户，十月蟋蟀入我床下。"七月蟋蟀在田野，八月来到屋檐下。九月蟋蟀进门口，十月钻进我床下。蟋蟀不停地搬家，不只是因为怕热，还因为它对深藏于地下的杀气特别的敏感。有人甚至说它是感杀气而生。然而小虫子不会像人那样，知道收敛心性，它听任这杀机在身上生长，终于变得好勇斗狠。

因为好斗，蟋蟀成了人们的玩物。"知有儿童挑促织，夜深篱落一灯明"。促织是蟋蟀的文雅叫法。不仅儿童喜欢"挑促织"，大人也不例外啊！过去，那些喜好斗蟋蟀的人，闲暇时总爱聚在一起，拿根草棍挑逗蟋蟀，屁股撅在地上，嘴里嘶嘶有声，一旁观者也随声附和，替那斗狠的蟋蟀使劲。而瓦盆里的蟋蟀早已咬成一团，难解难分。这样一种充满趣味的生活场景在今天节奏加快的电子时代，似已无处寻觅。

小暑期间有两个重要历注：出梅和入伏。小暑后（含小暑当天）第一个"未日"称"出梅"，出梅标志着江淮地区梅雨期的结束。梅雨季节是南方特有的气候，地处北方的我们且不多说。这里着重说说跟我们生活密切相关的三伏天。历法规定：夏至后第三个"庚日"为"初伏"，今年初伏是 7 月 17 日（一般都在 7 月 13~21 日），也是盛夏开始的标志。7 月 7 日是小暑节气，古籍《群芳谱》中说："暑期之此尚未极也。"因为小暑过后，全年最热的三伏就到了。伏天是雨水集中，全年最热的日子，又是阴起阳降的时候。《汉书·郊祀志注》中说："伏者，谓阴气将起，迫于残阳而未得升。故为藏伏，因名伏日。"

三伏天是按照我国古代的"干支纪日法"确定的。数伏天气要一个多月，古人把这段时间叫"三伏"，由初伏、中伏、末伏组成。夏至后的第三个庚日入伏，是初伏的第一天，十天后是第四个庚日叫中伏，如果第五个庚日在立秋之前，那么中伏就需二十天，俗称两个中伏；若在立秋之后，中伏就是十天；立秋后的第一个庚日叫末伏。今年就是两个中伏为二十天，时间是 7 月 27 日至 8 月 15 日。8 月 25 日是末伏第十天，以后就出伏了，随着日照时间缩短，天气也一天比一天凉爽了。

伏天的说法据说历史相当久远，起源于春秋时期的秦国，《史记·秦纪六》中云："秦德公二年（公元前 676）初伏。"唐人张守节曰："六月三伏之节，起秦德公为之，故云初伏，伏者，隐伏避盛暑也。"伏，大概有两重意思，一是阴气迫于阳气而藏于地下，二是天气炎热，人们为避暑，宜伏而不宜动。

古代伏天时跟其他节令一样，民间传承着很多习俗。

"头伏饺子二伏面，三伏烙饼摊鸡蛋"。小暑头伏吃饺子是传统习俗，伏日人们食欲不振，往往比常日消瘦，谓之"苦夏"，而饺子在传统习俗里正是开胃解馋的食物。还有一些地方入伏的早晨只吃煮鸡蛋，以增强身体的抵抗能力。

为熬过"苦夏"，人们在吃的方面也多有用心。"小暑黄鳝赛人参"，相传古代有些大力士，之所以力大无穷，就是因为常吃鳝鱼的缘故。清代张璐《本经逢原》上，还真有大力丸的配方，其中一味主药就是鳝鱼。鳝鱼味鲜肉美，而且刺少肉厚，又细又嫩，以小暑前后一个月的夏鳝鱼最为滋补美味。且对慢性支气管炎、哮喘病、风湿性关节炎等"冬病"有"夏治"的作用。我第一次逮黄鳝是在湖北乡下，那是30多年前的溽暑时节，与友人一同在其老家湖北沔阳乡下小住。那里水系纵横，稻田如镜，是江汉平原上的鱼米之乡。闲来无事，就天天在稻田中逮黄鳝。起初，我实在不敢下手，害怕这如蛇样的动物。原因是童年在农村生活时掏鸟蛋，结果掏出了蛇，当时就吓得动弹不得，以至后来每当看到这种软体动物就毛骨悚然。第一眼看到黄鳝与蛇几无二致，心里甚是恐惧。在老乡和友人的反复鼓励演示下，终于挽起裤腿赤脚下到稻田里抓黄鳝。看到有手指粗细的洞口时，便以食指或中指循着泥洞插入其中，感觉蠕动时，麻利地用手指往起一勾，一条黄鳝就在手中了。顺手在稻田边就地折一根草杆，从黄鳝嘴巴处穿过，然后再摸下一条……如此反复，最后竟成为一种乐趣。每每打着赤脚从田埂上走过，我和收工回家的老乡一样，手中的草杆上就吊着一嘟噜黄鳝。那里黄鳝吃法简单便捷，家家都有一个二寸宽的木板，木板一头有一小铁钉，钉帽高出半厘米，将黄鳝头部嵌入钉帽顺势一抒，黄鳝从头至尾一下裂开，内脏尽出。就势在旁边的溪水中冲洗干净，然后或鳝鱼段或鳝鱼桥或鳝鱼丁，放好辣椒佐料在铁锅中翻炒，俄顷一盘盘新鲜美味的鳝鱼菜便端上饭桌。多少年过去，至今回忆稻田逮黄鳝的乐趣，兴味依然。

小暑节气，恰逢农历六月初六。"六月六，请姑姑"。过去，上党地区一些乡间的风俗都要请回已出嫁的老少姑娘，好好招待一番再送回去。所以一些地方也叫"姑娘节""闺女节"。

此俗源自春秋晋国宰相狐偃向女婿、女儿认错的故事。晋国宰相狐偃之婿想在六月六除掉在朝野怨声载道的狐偃，其妻不忍，偷偷回娘家告知其父狐偃。恰好狐偃在放粮中目睹自己的过失给老百姓造成的灾难，于是幡然醒悟，向女婿认错。以后每年逢六月六都请女儿、女婿回家，蒸新麦面馍，熬羊肉好生款待，互相加深感情。这一做法在民间广为仿效，以应消仇解怨图吉利，并沿袭成风俗。

我记得插队时，每逢六月初六，出嫁的闺女们会提一篮子染着红点的白面大馍馍回娘家。此时小麦已经收打完毕，相对农闲，正是探亲的好时机。因此民间就有"六月六，走麦罢"的说法。带上白面大馍馍也是想告诉娘家，今年的小麦收成不错，让娘家放心。白面馍馍寓意蒸蒸日上，染上红点就图个日子红火吉利。再有六加六亦为"六六大顺"之意，自古以来被人们认为是最吉利的日子。上党地区作为古晋国之地，此风俗千古流传，只是近几十年，随着生活水平的不断提高和物质的极大丰富，这些习俗日渐淡化甚至消失。

虽然"姑姑节"的风俗不再，但"六月六，看谷秀"却是庄稼人很看重的一个传统日子。此时正值暑期，也是"入伏"前后，一年中最热的时候开始了，气温高，光照足，雨水大。早播种的春茬谷子和玉米等秋庄稼长势正旺，并已开始抽穗灌浆。俗语道："知了叫，河水响，你看庄稼长不长。"于是"六月六，看谷秀"就成为祖祖辈辈庄稼人盼望丰收的精神寄托。

这时节谷子开始露出穗头，庄稼人看到了谷子秀穗，好像看到了丰收的希望。就如电影插曲《汾河流水哗啦啦》中唱的那样："汾河流水哗啦啦，阳春三月开杏花……九月那个重阳你再来，黄澄澄的谷穗儿好像是狼尾巴……"这个时候农民最祈盼的就是，从现在开始到谷子收获别有自然灾害，风调雨顺，到秋季谷穗儿能像狼尾巴那样结实饱满。

"夏日多暖暖，树木有繁阴"。等待收获的日子，先静下心来熬过这溽暑时节。不妨搬一把竹椅躺在树荫底下，轻摇芭蕉扇，慢悠悠地啜着手中的小茶壶，听树梢渲染炎热的蝉鸣，透过树叶的空隙，看一只大鹰渐渐变成高空中一个小黑点。放了暑假的孩子们也该是撒欢的时候了。在池塘小河边，捞小鱼、摸蝌蚪、逮蚂蚱、捕蜻蜓，玩得满头大汗时，干脆把衣服一脱，一个鲤鱼打挺跃入水中，尽情嬉戏……

时光就在炎炎夏日的午间拉长，年岁在四野的游戏中蓬勃成长——如果今天的孩子们还能这样自由自在，有多好！

李雁伟　书

夏日南亭怀辛大 孟浩然（唐）

山光忽西落，池月渐东上。散发乘夕凉，开轩卧闲敞。

荷风送香气，竹露滴清响。欲取鸣琴弹，恨无知音赏。

感此怀故人，中宵劳梦想。

极热天气·大 暑

节气的转换可真快。"感受时光·廿四节气文化品读"从立春开始说起，到现在已是大暑，倏忽间就过去了十二个节气，恰是一年二十四节气的一半。自从开写这个专栏，倍觉时光如箭，日月如梭。上篇节气文章刚见报，而下篇漫谈又该动笔了。

所谓时间不等人，对此有了更深的体悟——在静静感受各个节气带给人自然美妙之际，就觉得时间活脱脱地站在你身旁，附在你耳边声声提醒，督促驱赶，催人向前。因此，心里就时时生出一种紧迫感来。

人改变不了时间，身处其中，只有顺时而为，方可张弛有度。就如同顺应节气生活一样，遵循自然与时序的约定，像古人那样，在这极热时节，编织一幅消夏避暑图，找一份"心静自然凉"的意趣。

大暑节气说来就来。一年当中最闷热的时节就此开启。大暑一般在 7 月 22—24 日之间，这时太阳位于黄经 120°。2016 年大暑的交节时刻是公历 7 月 22 日，即农历六月十九 17 时 30 分。

大暑是夏三月的最后一个节气，暑气蒸腾，热到极点，这些年被人称作"桑拿天"。《月令七十二候集解》称："暑，热也，就热之中分为大小，月初为小，月中为大，斯时天气甚烈于小暑，故名曰大暑。"唐代元稹《咏廿四气诗·大暑六月中》是这样写大暑的："大暑三秋近，林钟九夏移。桂轮开子夜，萤火照空时。瓜果邀儒客，菰蒲长墨池。绛纱浑卷上，经史待风吹。"

诗中的"三秋"指秋季的三个月，意思是大暑过后秋天即将到来。"九夏"指夏天的四、五、六月，三个月共九十天谓之"九夏"。"林钟"是六月的音律，泛指农历六月。古乐分十二律，有六律六吕，林钟为六吕之一。其律制排行从低到高依次为：黄钟，大吕，太簇，夹钟，姑洗，仲吕，蕤宾，林钟，夷则，南吕，无射，应钟。《吕氏春秋·音律》说："林钟之月，草木盛满，阴将始刑。"汉代班固《白虎通·五行》中也说："六月谓之林钟何？林者，众也。万物成熟，种类众多。"而诗中的"桂轮"则指月亮。唐代李涉《秋夜题夷陵水馆》便有这样的诗句："凝碧初高海气秋，桂轮斜落到江楼。"至于"萤火""菰蒲"是这极热的天气生长的昆虫和水草，"瓜果"是这个时节享用的东西。元稹"大暑"诗的最后两句大约有点"春天不是读书天，夏日炎炎正好眠"的意味。

也是，在这极热的暑天，不妨像古人那样，在树荫下沏一盏茶、翻几页书，或者林下小憩、屋中高眠，找一份暑天的惬意可好？白居易《消暑》诗说："何以消烦暑，端坐一院中。眼前无长物，窗下有清风。散热有心静，凉生为室空。此时身自保，难更与人同。"古时，没有电扇，没有空调，唯有绿树清风。消暑的最佳方式，是把家里整理干净简洁，静坐院子里，心静身安。想那凉风在心中徐徐吹拂，倒也不失为一种境界。

无奈现代人欲望太多整日忙碌，恐难有如此闲散时光，匆忙间辜负了一段消夏避暑的乐趣，不能不说是一种遗憾。

一般而言，大暑都在"中伏"前后，由于今年"三伏"天为四十天，其中两个"中伏"为二十天，从某种意义上说，今年暑热的日子要长一些。从 7 月 17 日入伏，到 7 月 22 日交大暑节气，一段溽暑难熬的炎夏日子就进入我们的生活。"小暑不算热，大暑正伏天"。"伏"即潜伏、藏伏之意，也就是提倡人们在三伏的时候尽量减少高温下的活动，规避潮湿之气。作为一个气温类节气，炎热的大暑，日照强，雨水多，万物生机勃勃，但也滋生蚊蝇等病害传染。所以说，再忙碌也得注意防暑健身，预防中暑和传染疾病。

的确，炎热的伏天里，人们有点坐蒸笼的味道。雨水多，湿气重，气温高，动辄气喘吁吁，汗流浃背。从医学的角度讲，这时节肠胃蠕动会减弱，而新陈代谢加快，人体的水分和养分消耗多，加之天气闷热，导致睡眠困难，因此常常食欲不振，困乏无力，甚至头晕恶心，这就是所谓的"苦夏"。苦夏，使人体抵抗力降低，传染病就容量发生。对此，古人亦早有认识。清代大文人李笠翁在《闲情偶寄·颐养部》中说："盖一岁难过之关，惟有三伏，精神之耗，疾病之生，死亡之至，皆由于此。故俗语云：'过得七月半，便是铁罗汉'非虚语也。"此话虽显夸张，而意在提醒人们好生度过伏天，不要过于劳神役形。民间百姓深深懂得酷暑对人的侵害，有许许多多的防暑降温的办法。据史料记载，自魏晋以来，民间就有伏天吃面的习俗。就如我在前边章节中说过的，用新麦面粉做"过水凉面"食用，可以解暑热，增体力。难耐的伏天里，凉粉凉面最消暑。在乡间，一些人家用绿豆粉、豌豆面或荞麦面，做成凉粉、凉面条，在深井水中浸泡后，再加拌芝麻酱、陈醋、蒜泥之类佐料，吃起来清凉可口，确可解暑提神。

时至今日，消暑的食物和方式多种多样，比如食用冰激凌、喝冷饮及冰啤、空调降温、室内外游泳等等不一而足。但不管如何，现时消暑的食物和方式都不及代代相传的方法更保健。就像暑天长时间吹空调和动辄喝冰饮一样，只是贪图个一时痛快，其实对身体健康没有好处，当适可而止。

酷热也并非全是坏事，乡间的老人们对此向有自己朴素的辩证看法。在树影斑驳的荫凉下，他们常常手摇蒲扇，眯起眼睛望向村外的庄稼，慢条斯理地告诉你："该热不热，无谷不结；该冷不冷，人生灾病。"这样的语调神态，俨然就是生活的智者。是啊，风雨雷电，寒来暑往，自然界这些规律性的变化，人和万物都是离不开的。只是过则成灾，适宜为福啊！

古人将"大火飓光，炎风酷烈"的大暑分为三候："一候腐草为萤；二候土润溽暑；三候大雨时行。"大暑时，萤火虫卵化而出，成为盛夏夜晚的一道图景。萤火虫产卵在落叶与枯草之间，经幼虫，蛹而至成虫，在盛夏孵化而出。古人的生物知识缺乏，认为萤火虫由是腐草所变化而生；此时土壤内湿气潮润，天气也湿热难耐，这种蒸郁的热天也是最难过的；这时节常常在午后有雷雨，雷雨骤急势大但时间不长，雨后可以稍稍缓解一些暑气。科学的解释应该是由于早上的湿热之气升至对流云层，在高空遇冷，然后形成雷雨降下。

古人的经验依然是我们今天的日常。

萤火虫飞舞的时节，总让人想起儿时的乡村夜晚。"萤火虫，挂灯笼，飞到西，飞到东，一直飞到嫦娥宫……"这首歌谣，到现在仍记忆犹新。这种小昆虫真的很奇妙，狭小的头部呈红色，扁平细长的身体上有一对褐色的透明软翅，身躯后半段萤萤发光。那时，每到夏夜，劳作了一天的大人们坐在街边的石头上，听着村中麻池里一刻也不消停的蛙鸣，消暑聊天扯闲话。我们这些放了暑假的小伙伴们，就在大人们眼前窜来窜去，不是东奔西跑的捉迷藏，就是在村边崖上崖下追逐萤火虫。乡间的人们管萤火虫叫"明晃晃"，我们一群孩子就会在铺天盖地的星光下和此起彼伏的蛙声中，迎着漆黑夜空里那些忽上忽下的"明晃晃"，嘴里不停地喊着"低落儿、低落儿……"同时高一脚低一脚地追逐扑打。那些"明晃晃"好有意思，只要不停地叫喊"低落儿、低落儿……"它们真的就从夜空里越飞越低，直到你追上去一巴掌攥到手心。在汗津津的手心里捂的时间长了，萤光就会暗淡下去，但只要一松手，重新飞起来的萤火虫依然会幽幽发光。经常我们把捉到的"明晃晃"装进一个小玻璃瓶中，比赛谁捉得多、谁的更亮，然后提着它追逐厮打，呼喊嬉戏。后来听老人们访古，知道了古时候有"车胤囊萤""凿壁偷光"的故事，于是我们也学"车胤囊萤"，用小玻璃瓶装着多多的萤火虫，放在"小人书"边上，看得模模糊糊却兴味十足。儿时的乡村夜晚，便是这般无忧无虑，充满意趣。

长大后从史书中方知道有人在"玩"萤火虫时，比我们排场阔气多了——在夏夜用萤火虫营造气氛，气魄最大的就是隋炀帝。他命许多人用大袋子捉来无数萤火虫，到了晚上，放飞在景华宫，满山谷的流萤闪烁飞舞，与天上的星辰遥相呼应。那样的场景确是一个帝王的兴致和浪漫！

令人遗憾的是，在城市里根本见不到萤火虫，即使现在的乡村也很少见了。这是因为萤火虫对环境要求极高，这些年由于大量使用化肥、农药、杀虫剂等，这样的环境已不再适应萤火虫生存。今天，我们已经很难再看到漫漫夏夜里流萤飞舞的曼妙景象，那些装点了孩提时许多好奇和幻想的点点萤光早已成为人们心中最柔软的记忆。而那种"昼长吟罢蝉鸣树，夜深烬落萤入帏"的诗情画意，便只能到古诗中去感受了。

夏夜里没有了飞舞的萤火虫，孩子们缺少了多少童趣？生活又缺少了多少诗意？

其实，生活在今天电子时代的孩子们，不仅仅只是缺少了没有萤火虫的遗憾，更多的是缺乏对大自然的感知。大自然中许多奇妙的存在，他们可能以为只是神话传说，这不能不说是一种悲哀。

某一年的大暑时节，酷热难耐之际，我们一家驱车向北，驶向内蒙古草原。一天晚上，夜宿海拔一千八百米的贡格尔草原，蒙古包里没有任何现代家电。那一夜我们是和大自然最亲近的人，一家人裹紧防寒衣坐在夜凉如水的草地上看满天繁星。令人没想到的是，一场流星雨竟不期而至，在华丽的天幕上盛大开演。这壮阔的自然景象让身旁的女儿惊奇万分，她疑惑地对我说："如果不是亲眼所见，就不会相信真有流星，以前我想象着那只是神话传说中才会有的场景……"

听罢，我心里竟生出一丝疼痛：出生在城市里的孩子们好可怜哪！他们一出生便淹没在灯火辉煌里，缺乏了对大自然的感知和领悟；他们很享受现代生活，甚至对许多高科技电子产品无师自通，可竟然麻木日月星辰、季节轮回、寒来暑往和春种秋收……

满天的星斗和箭矢般的流星雨给女儿补了一课。草原之夜，我们在风中倾听、仰望，感受无垠星空中演奏的时空交响。一整夜，星群带着我们遨游在茫茫的苍穹中，人世间任何的名利都抵不上这般美妙。

而这样的经历，不是带着孩子旅行几次就能获得的，真应该让他们的天性在大自然中自由自在的释放啊！

当然这是一个社会问题，也是教育体制问题，这里无须多言。我应该说的只是当下的大暑节气。

对于我们平常人来说，大暑就是一年中一段艰难的困境。如果去不了远处避暑，不妨抽出时间，出市区到郊外的河边湿地走走，那里的水域有大片的荷花，水边赏荷，倒也清凉雅致。兴致起时，还可轻轻吟诵"细草摇头忽报侬，披襟拦得一西风。荷花入暮犹愁热，低面深藏碧伞中"。炎夏傍晚，在这样的诗意里，是否能找到如诗人杨万里在荷花池畔纳凉的意趣和快感呢？

要不就到乡间感受一下大暑节气。这时节，四野里全是一人多高的玉米地。伏天里是长势最旺的时期，宽大的玉米叶子在阳光下闪着微光，秀出的脑缨儿轻轻摇晃着，远远望去，广袤的原野如荡漾的水波。谷子冒出的穗正迎风点头，豆秧子上挂满的豆荚仿佛相互拍手。错落有致的豆棚瓜架，热热闹闹，菜畦里的绿色菜苗蓬蓬勃勃，还有时令水果都已成熟，采来尝鲜自当别有滋味。

盛夏时节，中午知了叫，晚上蛙打鼓，田野间还有蝈蝈、蟋蟀、蚂蚱们正藏在菜棵里，躲在草丛中，弹奏着各自的琴弦，此唱彼和……在这个暑天，若能静下心来，感知这些小生灵们的欢乐，倒也不失为一种避暑的好办法。

因为"心静自然凉"啊！

阎炜生书

登殊亭作 元结（唐）

时节方大暑，试来登殊亭。凭轩未及息，忽若秋气生。
主人既多闲，有酒共我倾。坐中不相异，岂恨醉与醒。
漫歌无人听，浪语无人惊。时复一回望，心目出四溟。
谁能守缨佩，日与灾患并。请君诵此意，令彼惑者听。

秋

立秋·处暑·白露·秋分·寒露·霜降

凉风渐至·立 秋

　　虽说节气不等人，可从大暑到立秋这半个月，还是让人觉得炎炎煎熬，好不难过，无处躲避的酷暑似乎令时光都被这湿热蒸腾得漫长了些。特别是近几天全国大范围的高温，人们调侃说，天气进入了烧烤模式。这样的天气的确令人"苦不堪言"。昨天一个朋友打电话问我：你的节气系列下个该写啥了？我回答说：该立秋了。朋友即刻兴奋起来：快点立秋吧，大热天的太难熬了！我提醒道：你别高兴得早了，今年的中伏是二十天，就是立了秋，天气也还要热一阵呢，再说还有人们常说的"秋老虎"……

　　觉得大热天时光漫漫，是因为暑热难熬造成了我们自身的错觉。其实，时光总是不紧不慢，依序推进。大暑过后，立秋节气也应时而至。

　　立秋是二十四节气的第十三个节气。按农历，立秋是七月的节气。但按公历，立秋一般在 8 月 7—9 日之间，这时太阳到达黄经 135°。2016 年立秋的交节时刻是公历 8 月 7 日，即农历七月初五 9 时 52 分。

"立秋之日凉风至"。作为一个季节类节气，立秋标志着秋天的开始。虽然今年三伏天为四十天，立秋尚在中伏之内，暑热并未全消，但一早一晚，已经有了凉爽的感觉。

"悲落叶于劲秋，喜柔条于芳春"。回望季节轮回的时光那端，初春的欣喜还依稀不远，而今浓绿酷夏即将过去，劲秋之悲倏忽已到眼前，不由让人生出光阴流水之感。这样的一种感怀，常常被人误解为多愁善感，其实不然。古人于一春一秋之间，所领悟的是生命之代序，所感怀的是宇宙之无穷，这就是我们的生命哲学啊。

关于立秋节气，《月令七十二候集解》是这样说的："七月节，立字解见春。秋，揪也，物于此而揪敛也。"意思是，立秋，是秋季的开始，立代表始建；立秋之后，天气由热转凉，阳气渐收，阴气渐盛，故要收敛，有"秋收冬藏"之说。

在一年的二十四节气中，四季的第一个节气都要以"立"开始，立春，立夏，立秋，立冬，一个"立"字让人真切地感到不同的季节变幻着衣装活生生地走到眼前。立秋不仅预示着炎热的夏天即将过去，秋天即将来临。也表示草木开始结果孕子，收获季节到了。因此，古人把立秋当作夏秋之交的重要时刻，是一个由来已久的传统节时。早在周代，逢立秋日，天子亲率三公九卿诸侯大夫到西郊九里之处迎秋，举行祭祀秋神仪式。

秋神何也？秋神名叫蓐收。

从古籍中我们可以看到描述蓐收的模样：左耳上盘着一条蛇，右肩上扛着一柄巨斧，乘两条龙在空中腾飞。《山海经》上说他住在能看到日落的泑山。

有人说蓐收为白帝之子。还有说他是古代传说中的西方神明，专事司秋。据《淮南子·天文篇》上说："蓐收民曲尺掌管秋天……"也就是说他分管的主要是秋收科藏的事。每到秋天，草木摇落，硕果累累，动物的幼崽也已长大。此时，蓐收会手持一把曲尺丈量着收获的果实。

蓐收耳朵上的蛇寓意着繁衍后代，生生不息。《诗经·斯干》里说："维虺维蛇，女子之祥。"如果梦到蛇，会生一个漂亮女儿。传说中的女娲是"人首蛇身"。"蛇身"不只是表示某种图腾崇拜，还指身材好，曲线玲珑，婀娜多姿。许仙痴迷的白娘子，就是白蛇幻变的美女。

蓐收肩上的巨斧，表明他还是一位刑罚之神。古时处决犯人，都是在立秋之后，叫秋后问斩，令秋天有了杀气。"悲哉秋之为气也，萧瑟兮草木摇落而变衰"。

所以蓐收到来的时候，总带有一股凉意。

对这凉意最为敏感的是梧桐。立秋一到，它便开始落叶。正如古人所说"梧桐一叶落，天下尽知秋"啊。

一叶知秋，立秋时节的树叶最有智慧，它像一枚季节的信使，传递着天下的大事小情，传递着季节的喜怒哀乐。

说起"叶落知秋"这个成语，我记起早先曾读过的近代学者、书法家吴玉如先生的一段逸事，吴玉如先生与开国总理周恩来曾是天津南开中学的同班同学。吴先生学养深厚，书法一流，治学严谨。这段逸事大意是说吴玉如先生当年讲课时测试学生文学智商，他出的试卷上有这样一道填空题："一叶落（ ）天下秋"。答案填"而"字满分，填"知"字及格，填"地"字不及格。"而"是虚词，有想象空间；"知"是实词，可是太实了；"地"，叶子不落在地上还能落在哪里？所以这个答案肯定不及格。这道填空题，依然可以作为今天的试题，在立秋之日考考我们自己，应该算是关于立秋文化最简单却也最有意思的测试。

梧桐，在南北方乡村田野都常见，春末，一串串、一簇簇喇叭状的浅紫色桐花高举在空中，微风中愈显清雅。而古人对梧桐似乎情有独钟，字里行间总是寄予许多美好。《花镜》上说：此木能知岁。它每枝有十二片叶子，象征一年十二个月。如果闰月，就会多长出一片。梧桐在清明节开花，如果不开花，这年的冬天就会十分寒冷。在院子里栽上一棵梧桐树，不但能知岁，还可能引来凤凰。"凤凰鸣矣，于彼高冈。梧桐生矣，于彼朝阳"。凤凰非梧桐不栖。因此，民间才有俗语说："栽下梧桐树，引来金凤凰。"

所以，历代皇宫里是一定要栽梧桐树的。

史书载，立秋这天，太史官早早就守在了宫廷的中殿外面，眼睛紧紧盯着院子里的梧桐树。一阵风来，一片树叶离开枝头，太史官会立即高声喊道："秋来了。"于是一人接着一人，大声喊道："秋来了"、"秋来了"，秋来之声瞬时传遍宫城内外。不等回声消失，盔甲整齐的将士们护卫着皇帝蜂拥而出。他们要去郊外的狩猎场射猎。射猎有两重意思：一是表明自即日起，开始操练士兵；二是为秋神准备祭品。

在皇帝狩猎的同时，遥远乡村里的人们也忙碌了起来。

过去民间有在立秋时占卜天气凉热的风俗。东汉崔寔《四民月令》说："朝立秋，冷飕飕；夜立秋，热到头。"如按这个说法，今年立秋在上午9时许，立秋后该是"冷飕飕"了？古人的生活经验，或许依然是我们今天最好的参照。过去人们那有板有眼的日子，总会让人想念那从容不迫的生活日常。宋人范成大就给我们描绘了一幅立秋的风俗图画："折枝楸叶起园瓜，赤小如珠咽井花。洗濯烦襟酬节物，安排笑口问生涯。"从唐宋时起，有在立秋日用井水服食小赤豆的风俗：取七粒至十四粒小赤豆，以井水吞服，服时要面朝西，这样据说可以一秋不犯痢疾。

旧时立秋之日，男女都戴楸叶，以应时序。当然，是为了取楸和秋字的谐音，表示与秋共舞的意思。不过，也说明树叶和立秋的关系确实密切。春天，小孩子或姑娘会在头上戴花，但是，立秋是不会戴花的。这个习俗曾广为流传，可如今却在一些传统文化根深蒂固的乡间也无从寻觅。我记得插队的乡村，就有立秋之日戴楸叶的说法。那时，那个偏远封闭的小山村，沟壑间生长着很多楸树，笔挺的树干高约三四丈，每逢开花，楸树都是密密匝匝的白紫色花团，如树顶戴了一个硕大的花冠，那花香伴着甜甜的味道弥漫在空气中，十分好闻。待花期一过，就会有条状的果实挂满枝叶间。这些绿色条状的果实长约尺许，密实实地垂在枝叶间，真是别有一番景象。

楸树木质纹理细密，光滑耐实。那些年，穷苦的乡亲们办红白喜事，打家具做寿板，都是用楸木。而每到立秋日，大人们就会摘几片楸叶，给孩子戴在头上，顽皮的孩子们就会顶着楸叶在麻池里手脚并用浑水四溅学狗泡；而爱美的女孩子们，则把楸叶剪成不同的花样，插在发髻上。

当年，生产队有林业组，专门种植、嫁接各种苗木。社员家中如需用木料，由大队批准定点采伐。可是近几十年，早已没有了林业组，没有了种植和嫁接，只有无序的砍伐以换取村集体的运行经费……那沟坡间举目可见的楸树差不多被砍伐光了，我几次回去都再难见到楸树的身影；而小山村人口也越来越少，几乎只剩下老弱病残。这眼见的衰败，不能不令人扼腕叹息。

随着那些秀美挺拔的楸树消失的，还有那些古老的习俗——乡村都被现代喧闹的生活挤压的气喘吁吁，瘦弱不堪，更不要说那些千年流传的古意风俗了。

立秋的民俗还有很多，除了戴楸叶，还有贴秋膘、吃瓜果、不喝生水。戴楸叶的传统如今已经消失，但是，与日常息息相关的后三者依然存活在我们的生活之中。

任何时候，与吃相关的习俗几乎都顽强地延续下来。

不能再喝生水，是说夏天天热喝点儿生水还行，但节气到了立秋，这时候的生水叫做"秋头水"，喝了会闹肚子，还会生暑痱子。吃瓜果，当然是说这季节正是瓜果上市的时候，可以趁机多吃一些。这里的瓜，指的不仅是西瓜和香瓜等甜瓜，还包括黄瓜、丝瓜和苦瓜，都应该是多吃而益善。而"贴秋膘"则最为人们熟知而善用——夏天人体消耗很大，要在立秋时补充一下营养。天气渐凉，胃口渐开，何乐而不"吃"？ "贴秋膘"讲究的是要吃红烧肉、涮羊肉、熬鸡汤……在过去贫穷时代，立秋之后，就是家里再穷，哪怕是袜子露出脚后跟了，也得想方设法美餐一顿。现在生活条件好了，每到立秋，家家户户都变着花样"贴秋膘"，城乡上空到处弥漫着肉香的味道。

是啊，熬过了"苦夏"，人们先用味觉迎接又一个秋天的到来，这是再自然不过的事情。

古代将立秋分为三候："一候凉风至；二候白露生；三候寒蝉鸣。"初候，经过大暑的大雨，暑气渐消，热风已改为徐徐吹来的凉风；二候，是说立秋之后早晚温差渐大，夜间湿气接近地面，在清晨形成白雾，未凝结成珠，有秋天的凉意；三候寒蝉鸣，与夏至第二候"蝉始鸣"相呼应。在秋天叫的蝉称为寒蝉，寒蝉感应到阴气生而开始不停鸣叫。

在这苹花渐老、暑去凉来、寒蝉始鸣的时节，一个更美好的节日——七夕节再次从银河星汉的太空降临人间。

今年立秋在七月初五，两天后便是七夕节。七月兰花清香溢。农历七月又称兰月，许多品种的兰花在七月吐芳，馨香无比，故此得名，而七月初七晚上又称为兰夜。千百年来，少女们总是"七夕节"的主角。

这个寓意爱情的节日，最初的本意却包含着生命之数和原始的生殖崇拜意味。比如正月初七是人日，人有七窍，中医有七伤，人死后49天才能超度……七也是女人生理之数，《黄帝内经·素问》说，女子7岁肾气盛，换齿长发；14岁天癸至，始有月经；到49岁，天癸竭才形坏不再怀子，从此进入更年。由此，七夕实为女子乞求生育的节日。

七夕节最早渊源可能在春秋战国时期。牛郎原名牵牛，牵牛与织女本是星座名称，《史记·天官书》的说法，牵牛星是牺牲，织女又称"天女孙"。《诗经·小雅·大东》刚出现织女牵牛的说法是这样的："维天有汉，监亦有光。跂彼织女，终日七襄。虽则七襄，不成报章。睆彼牵牛，不以服箱。"此为牛郎织女神话之雏形。织女、牵牛尚为天汉二星，"七襄"是指织女星"终一日历七辰"，一日移位七次，也就是逢七来复。"服箱"是说亮闪闪的牵牛星不能拉车载箱啊。联系后面两句"东有启明，西有长庚。有捄天毕，载施之行"，是说面对满天星象，牵牛织女星座距云汉无涯，叹在天宇下一切徒劳。

到东汉人流传的《古诗十九首》，牵牛织女星相对相视的味道突显出来："迢迢牵牛星，皎皎河汉女。纤纤擢素手，札札弄机杼。终日不成章，泣涕零如雨。河汉清且浅，相去复几许？盈盈一水间，脉脉不得语。"织女伫候在那里的洁素明媚，牵牛在深远迷离的远处眺望，人物形象已隐现其中，呼之欲出。邈远迢迢，这距离就成了悲怆。最后的"脉脉不得语"，已经为后人演绎爱情神话留出了空间。至南朝梁殷芸《小说》（《月令广义·七月令》引）中云："天河之东有织女，天帝之子也。年年机杼劳役，织成云锦天衣，容貌不暇整。帝怜其独处，许嫁河西牵牛郎，嫁后遂废织纴。天帝怒，责令归河东，但使一年一度相会。"则牛郎织女的神话故事梗概于此成型，并且正式成为属于妇女的节日。

七夕节的形成与民间流传的牛郎织女的故事，被世代追求美好爱情的人们逐渐演绎，善良的人们在对宇宙星空的新奇想象和这份深信不疑的美好中，也生发出了那么多有意思的风俗——

农历七月初七早上起来，就会发现平时树上叽叽喳喳的喜鹊全不见了。它们都飞去了天上，为牛郎织女搭桥相会。织女负责纺织天上的彩云，七夕这天她会把最美的云彩拿出来。而地上的姑娘们，也会在这天比美。她们一早就兴致勃勃地忙着把自家院里种植的装点平常日子的红红的指甲花瓣摘下，捣成红艳艳的汁，涂在指甲上争奇斗艳。比谁染的指甲更红，谁的指甲更好看，兴奋地叽叽喳喳说个不停。这天然的染指甲环保无害，会保持很久。比时下昂贵的名目繁多的化工指甲油不知好多少倍！

织女是最心灵手巧的仙女。七夕这天因为跟牛郎会面，心情好，她就会把巧甚至爱情赐给诚心向她祈求的人。

所以，人间便演绎出许多乞巧方法。有些姑娘会盛一碗水，放在阳光底下晒一晒，然后向里面投下绣花针。如果针沉了，就得不到巧。如果不沉，就有巧。但是能得到多少巧呢？要看针投在水底影子的图案。像花、像云，巧就多；如线、如锥，巧就少了。

这样一个属于女儿的节日，大家一起乞巧的热情异常高涨。姐妹们会围坐在一盆清水的周围，摘了瓜蔓或是葡萄蔓上的嫩芽，一叶叶丢到水中。沉了，或是直直地躺在水面上的，就不巧。巧手投出的嫩芽，会像簪、像花、像钩，形象越美，这投芽的人，得到的巧就越多。

在乞巧的姑娘中，总有一些"另类"的方法使其甘愿冒险。那些胆大点的女儿家，还会抓一只蟢蛛，把它关在盒子里，到第二天起床，看它结的网是多是少，是密是疏。多而密，就得到巧了。

而七夕的晚上，那些有情意的少男少女总是迟迟不肯睡觉，他们躲在瓜架子下面，偷听牛郎织女的情话，更多的是趁这样的夜晚彼此交心。"七月七日长生殿，夜半无人私语时。在天愿作比翼鸟，在地愿为连理枝"。

这是多么美好的祝愿，可生死总是相依相伴。感念生的美好，也不忘记逝去的亲人。

七夕过后七天，便是中元节。中元节是人们俗称的"鬼节"。有关中元节，佛家、道家都有一些说法，这里我们略过不论，但此习俗却影响深远。中元节时，街上的店铺要早早关门，把街道让给亡灵回家。夜晚来临，家家户户都要安排丰盛的酒席，摆上香烛、磕头、祭祀，用极其隆重的仪式迎接祖先。所以，中元节，又叫作"孝义节"。这个节日至今在全国许多地区流传延续，上党城乡间也不例外，十分盛行。甚至这天夜晚的长治市区，在街头巷口，都是祭祀先人香烛锞纸及各色供品，香烟袅袅，纸钱翻飞，一派"纸船明烛照天烧"的情景。

古人的浪漫与迷信是意境与想象，这使我们在冰冷的现代科技生活面前，多了一份延续的千年神秘，有了梦幻的色彩。

国人重亲情，在秋天来临丰收在望之际，告慰逝去的亲人是理所当然的一件事情，只是应该注意文明祭祀，不可铺张啊！

虽已立秋，然长夏未尽，庄稼可着劲儿生长。田野里的玉米、谷子、大豆、红薯、棉花，正一天一个样。农人正好忙里偷闲，过上几个舒心的节日。

就在我写这篇文章之时，一场大雨不期而至，倒让暑气消了一些。大雨过后，阳光复又炽烈。不知何时，一只硕大明亮的蝉悄悄落在书房的窗纱上，突然一声嘶鸣竟把我吓得一个激灵。于是，我赶紧停止敲打键盘，静静地欣赏这上天派来的歌唱者。"知了知了啊"一声接一声的鸣叫，不由令我想起了许多孩童时的往事……这天地间的自然之声，掠过我的心田，万千的思绪忽然间就漫起了无边的乡愁！

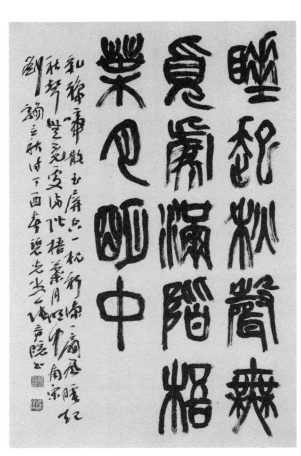

张晋皖书

立秋 刘翰（南宋）

乳鸦啼散玉屏空，一枕新凉一扇风。

睡起秋声无觅处，满阶梧叶月明中。

热节之尾·处 暑

昨天处暑交节，明天就要"出伏"。

看样子，立秋后连续的大热天该慢慢地降温了。

今年的天气有些异常，立秋后的天气不但没凉爽下来，反而在处暑交节前连续发飙，令人期待的凉爽变成了日日的热不可耐！"秋后一伏热死人"，张牙舞爪的"秋老虎"，有时更胜炎夏。这正应了民间的俗话："处暑天还暑，好似秋老虎"，虽然已过立秋，但天气并未出现真正意义上的秋凉。

处暑是七月中气，是二十四节气的第十四个节气。交节时间一般在公历 8 月 22 — 24 日，这时太阳到达黄经 150°。2016 年处暑交节时刻是公历 8 月 23 日，即农历七月二十一 00 时 38 分。

处暑交节两天后，即 8 月 25 日"出伏"——炎炎炙烤了四十天的"三伏天"紧随着处暑交节而结束。

但愿天遂人愿，随着处暑交节，连续的闷热天气尽快转换为"天凉好个秋"！

"处暑"一词，由来已久。在两千年前成书的《国语》中就出现了这个词，而且是明确表示气温的。西汉淮南王刘安所著的《淮南子》，在"天文训"篇中，已明确地将"处暑"列入二十四节气，以后，一直沿用至今。《月令七十二候集解》一书，对这个节令的意思作了明晰具体的解释："处，去也，暑气至此而止矣。""处"，古语是终止的意思。这表明了"处暑"的含义：夏日的暑气开始退隐，炎热的暑天就要结束了。

汉语言的词汇的确丰富。唯其丰富，才能将极其微妙的意思表述得极其确切，由"处暑"一词可见一斑。处暑，是表示气温情况的。但它又不像小暑、大暑那样，明确表示炎热；也不像小寒、大寒那样，明确表示严寒。它所表示的，是由炎热向严寒过渡时期的气温情况。

的确，作为一个气温类节气，处暑标示着气温变化的节点。俗谚说"处暑天不暑，炎热在中午"，即处暑时节白天炎热，早晚就有温差了。由此看来，处暑是热节之尾，凉节前哨啊！

在二十四节气中，处暑的存在感并不强，有的人不太理会这个节气。甚至觉得这个节气显得总有点不那么对劲儿，应该与立秋换一下才是。有时候我也会有这样的念头，甚至产生两个节气应该互换的错觉。这是因何？你看，在大暑和处暑之间夹着一个立秋，虽然说立秋之后还有一伏，但一个"秋"字，总觉得应该和暑天是对立的。立秋意味着天气就要凉快了，看到这个字眼，人的心境似乎一下子也感到凉爽。怎么能将一个有些清凉、萧瑟之意的"秋"，夹在两个热气腾腾的"暑"之间呢？有此错觉的恐怕不在少数，捧读作家任崇喜先生所著《节气——中国人的光阴书》中，看到对"处暑"节气有这样诙谐的形容："明明立秋了，却不给秋的情思。按说应该先处暑再立秋的，这先立秋再处暑，怎么看都有点先结婚后恋爱的味道。"

崇喜仁兄语言生动形象，在随后的文字中，对"处暑"节气的记述头头是道，意趣盎然。

单单看到这几个节气的时候，一开始确实使人懵懂。可乘着眼下早晚间已然爽身的习习凉风，静静地琢磨这几个节气的相互关系和"处暑"字眼时，愈觉古人聪明。如前文所述，"处"是"止"的意思。老百姓有个说法叫"秋老虎"，就是立秋过后还要酷热几天，而处暑就是要把这只"老虎"收进笼子了。暑气至此而止，开始退伏潜藏，以待来年了。阳气炽热而催熟万物后自然退位，阴气开始弥漫，才秋风渐肃。在古人的理念中，恭敬为肃，处暑后，鹰感肃气击鸟而祭，万物收成而祀，都是恭敬天地的一种表达。而秋之整肃又为冬之休养，休养中才有更新萌生。季节轮回，周而复始，自然之境神圣而庄严。

处暑节令，鲜明地反映出了气温变化的规律，给人以启示。

古人将处暑分为三候："初候鹰乃祭鸟；二候天地始肃；三候禾乃登。"大意是说，处暑的第一候"鹰乃祭鸟"，说鹰自此日起感知秋之肃气，冷酷地搏杀猎物。所猎之物要先陈列以为祭，因此古人称鹰此举为"义举"。后五日"天地始肃"，这个"肃"的本意是"肃清"，就是先前闷热混沌的"桑拿"天气因"肃"而清，所以，肃清后必带来萧瑟之气。再五日"禾乃登"，禾是五谷各类，天气肃杀后，庄稼才有收成，成熟曰"登"。我们常说的"五谷丰登"便是这个意思。

小时候不懂节气与物候，只记得这时节搏击长空的老鹰抓小鸡、抓蛇的情景，我曾不止一次看到过。那时几个小伙伴看到天空中一只盘旋的老鹰突然静止不动时，就知道有好戏要开场了！我们以为老鹰要俯冲下来抓鸡，于是，大家就齐声呐喊自己编的童谣，以示驱赶："第一箭射得高，射住个老雕；第二箭射得低，射住个蚂蚁……"一群童声在山谷间回响，但老鹰不为所动。突然间，天空中那个静止不动的黑鹰像箭矢一般，朝着地上某个"点"俯冲而下，几个小伙伴的驱赶呐喊被这奋不顾身的俯冲所震慑，变成了张大嘴巴的惊恐"看客"，心里在想，不知谁家的鸡又要倒霉呢！就在此时，但见急速俯冲的老鹰在着地的一刹那，竟演变为山头草丛间的轻灵一掠，随即划一个弧形起飞。这时，会看到一条明晃晃的条状物，在阳光下伸展、扭曲、缠绕——原来老鹰抓了一条蛇！

没想到好戏还在后头。只见老鹰从空中再次俯冲下来，在离地有几丈高时，将猎物对准山间的大石板狠狠摔下，紧跟着俯冲把猎物抓起又冲向高空，然后再俯冲、摔下、抓起，如此反复。开始，蛇还纠缠反抗，可老鹰俯冲几次后，蛇便命丧鹰爪。我们对这惊心动魄的搏杀看得目瞪口呆，一直到老鹰飞远才回过神来。这时，我们几个孩童会望着空中，充满好奇地议论："你说老鹰吃蛇，会不会像我们吃扯面那样痛快？"现在想来，这些充满童趣的议论可爱又可笑。可多少年过去，每到这个季节，老鹰抓蛇的情景总会浮现眼前。

今年处暑交节前，刚过完中元节，民间称"七月半"，百姓口头则称为"鬼节"。在前面章节中已提到中元节，上党地区的百姓犹看重这个节日。从民俗文化的角度来看，这里还想围绕中元节再多说几句。

这个节日的起源，源于中国本土宗教——道教的善恶敬畏。

道教有"三元"的说法，以农历正月十五为上元，七月十五为中元，十月十五为下元。相对应的就有三个节日，其中上元节就是元宵节。道教又有"三官"的说法，即天官、地官、水官，天官赐福，地官赦罪，水官解厄。三官分别以正月十五、七月十五、十月十五为诞辰。时至今日，我们在晋地一些偏僻乡间仍可看到"三官堂"供奉的天官、地官、水官。而中元节作为地官诞辰，相传七月十五这天，地官会出巡人间，分辨善恶，并察看人鬼劫数，所以那些饿鬼囚徒也在这一天聚集起来，等待赦罪超度。

不仅仅是道教有中元节，佛教称这个节日为"盂兰盆会"。"盂兰"是梵语的音译，意思是倒悬，是说人生的痛苦有如倒挂在树头上的蝙蝠，悬挂着，苦不堪言。为了使众生免于倒悬之苦，便需要诵经，布施食物给孤魂野鬼。"盂兰盆会"来源于"目连救母"的故事，传说目连为佛祖十大弟子之一，号称"神通第一"。说目连的母亲在世时，为人不善，死后坠入饿鬼道。食物入口，就立即化为烈焰。目连为了救母亲，求教于佛祖。佛祖教他在七月十五做盂兰盆，摆上百味五果，供养十方大德高僧，以救其母。古时候在这一天，有些乡村还会在村口搭起戏台，唱《目连救母》的大戏，请人和鬼来看戏。高僧们也开始"放焰口"，向四方施舍馒头、米面、水果，来解除有主或无主的亡灵们可能会遇到的痛苦。

所以小时候每逢七月十五"鬼节"前后，大人会严厉地叮嘱"七月半，鬼乱窜"，黄昏后不要到外面去玩耍。然后意犹未尽，满脸神秘地压低声音说：夜晚听到陌生声音喊你的名字，千万不要答应，一答应你的魂就被掳去了；单独一个人在没人的地方，特别是河边，看到花花绿绿的东西千万别去拿，那有可能就是鬼变的；还有看到路上田间旋转移动的旋风，要躲着走开，那是鬼在走路呢，更不拿镰刀锄头等砍旋风的中心，如果砍了会看到路面有几滴血，那是你砍到鬼了，他要报复云云……各种说法繁多，至今记忆犹新。

今天，已经没有人会相信上述的种种现象。如果说它是迷信，倒不如说是心怀浪漫情怀的古人对天地、自然的一种敬畏。保持一颗敬畏之心，让我们在科学技术十分发达的今天，依然怀揣一丝古意去生活，敬畏自然，敬畏天理，敬畏生命，从而在飞速发展的现代社会中时时约束自己的行为，为善而去恶！

许多过去的习俗在演变，而中元节对先人的祭祀却代代传承下来。因为这是生者对祖先的缅怀，诠释着后人对先人的思念，是一种对祖先发自内心的敬爱和感恩。

作为民俗文化，还有一个节日不得不提，那便是地藏王菩萨的生日——农历七月三十，是地藏王菩萨生日。在过去，凡有供奉地藏王的庙宇，每逢此日，善男信女必往敬拜。人群络绎，香烛兴旺，有的庙宇敬拜活动甚为壮观。地藏王菩萨因其"安忍不动如大地，静虑深密如秘藏"而得名，在佛教诸佛中，地藏王菩萨的愿力最强，据说默默祈祷其佛号，即可获得护佑。地藏王与观音、文殊、普贤共为四大菩萨，其道场在九华山，而文殊菩萨的道场就在我们山西五台山。关于佛教节日，这里不多赘述。

处暑节气，瓜果庄稼即将成熟，原野上各色排列整齐的农作物就是这个季节的宏大象征。庄稼们会听凭节气的安排，掌握自己的成长节奏，它们在利用最后为数不多的暑热气候尽快灌浆，努力使自己饱满起来，赶在收获来临之前，让自己变得丰腴而壮实。

这时节，气温昼夜温差较大，十分有利于作物体内物质的制造和积累。因此，处暑交节后，果实成熟的格外快，正像农谚说的："处暑农田连夜变。"玉米抽雄吐丝，大豆成串结荚，高粱昂首向天，谷子俯首大地，山药薯块膨大……遍野的庄稼生机盎然，这样的景象，正应了一句话："处暑立年景。"

而农人则利用这段空闲，赶着时间采摘花椒。作为调味品，浓郁辛香的花椒家家都离不了，可有谁能想起花椒是在闷热的"三伏天"里采摘呢？

"花椒树下吊死人！"一听这句话就知道采摘花椒不是好营生。我插队时，每年这时节的采摘花椒真是一种痛苦的煎熬。闷热的伏天，人站在花椒树下，把一个荆条编的笼头挂在树间，一直仰着脖子，伸手在树叶间隙寻找采摘。时间一久，腰酸脖子困、衣服早被汗水溻湿，而满树扁扁的花椒圪针会时不时扎到手上，麻疼无比，鲜血直滴。抢摘花椒期间，满手伤痕累累。天天早出晚归，前后二十多天，一刻也不敢耽搁。如果误了采摘，花椒在树上就会被晒裂，花椒籽就会掉到树下草丛里无法收拾。采摘回来的花椒过秤后还得赶紧晾晒，最好趁毒辣的日头一天晒干，这样花椒的色泽鲜红，不然就会捂得颜色发黑，卖不出好价钱。这时节，午后大雨说来就来，曝晒的花椒被大雨淋湿就会减少收入，还得时时驱赶鸡群和鸟儿对花椒籽的刨食。花椒晒干裂开后，收好分等级出售。而黑油油的椒籽则收拢一起，准备榨油。色泽微黄清亮的花椒油鲜香提味，尤其拌凉菜、佐餐极佳。

处暑交节前后，乡间到处弥漫着花椒的鲜香。采摘花椒虽然遭罪，但看到红艳艳的花椒带来的收获，人们的笑脸就跟此时节的天气一样，热烈无比。

处暑节令一到，暑气渐消，而天空一下子便显得高远起来。民谚说："七月八月看巧云"，这时节天空明净，再也没有了夏日天际间成团翻滚、挟风裹雨而来的大团浓云。高远的蓝天里，只是形状各异、疏散舒卷的"巧云"，令人浮想联翩。宋代诗人张耒就有"秋高孤月静，天末巧云长"之句。这正是人们准备畅游郊野、迎秋赏景的好时节。

在高旷的蓝天下，原野上呈现出一派成熟前的宁静。城乡间国槐花正香，碎碎的、翠绿的槐米一丛丛绽放在树梢，香气四溢。红绿相间的石榴树上还挂着尚未落尽的残花，棚架下的紫葡萄和青葫芦时时在头顶引诱着你，房前屋后的蜀葵开得正妍丽，一街两行的木槿就成为这时节最烂漫的风景。

除了这些赏心悦目的花卉，时序节气还将一个秋虫集会、鸣唱的初秋送到人们跟前。蟋蟀、蝈蝈、禾虫、蚂蚱、金铃子、蛐蛐、天牛郎、萤火虫……它们齐齐地欢聚在此刻，尽情歌唱，令我们的生活充满了意趣。看到这一个个熟悉的名字，我便想起小时候抓蝈蝈的情景。那时，我们并不知晓还有蝈蝈这个学名，只是根据外形有很多自己的叫法，比如"扁担蚂蚱"、"大肚蚂蚱"等等，后来才知道"大肚蚂蚱"就是蝈蝈。小时逮蝈蝈方法很笨，听见蝈蝈的鸣叫后，瞅准时机脱下衣服扑上去，在衣服下一点点翻寻。有一次，我逮到一只强壮的蝈蝈，在抓它的时候，不小心被它如钳子般的嘴齿咬破大拇指，鲜血直流。可我依旧小心翼翼地带回家，用高粱秆皮编了一个小笼子，将其养在里边。每天清晨去地边摘两朵带着露水的南瓜花给它喂食，蝈蝈一高兴，后背上一对短短的、薄如蝉翼的透明翅膀就会振动起来，这时耳边环绕的都是蝈蝈的鸣叫，美妙极了！

现在，生活在城市里，很难听到各种秋虫们的歌唱，我们的耳朵里全是各种机器的轰鸣和汽车轮子的呼啸。种种人为的声音遮蔽了自然之声，大自然的天籁早被所谓的现代文明拒之门外。写到这里，想起某一年的此时节，参加一个笔会夜宿山村农家。暗夜阒寂中，聆听了一整夜的蛙鸣虫唱。那一夜，我在秋虫的安慰中酣然入睡，梦境里全是儿时久远的从前……

是啊，在这天高云淡时节，请到乡野间走走，感受庄稼们在太阳下的蓬勃茁壮，聆听秋虫们于月光下的浅吟低唱，可好？

仇相吉书

处暑后风雨　仇远（宋）

疾风驱急雨，残暑扫除空。因识炎凉态，都来顷刻中。

纸窗嫌有隙，纨扇笑无功。儿读秋声赋，令人忆醉翁。

天朗气清·白 露

白露交节前的数日，天气极好！

天空湛蓝，白云飘飞，阳光明亮，大地葱绿。没有了暑气和雾霾的滋扰，行走在丝丝凉风的晴空下，身心顿觉清爽无比。

这样的时节，连空气中似乎都弥漫着一丝怀想，秋天真就来了——才感叹"三伏天"的暑热难耐，谁知须臾间一个天朗气清的白露节气就到眼前，大自然总是以它的亘古不变，来提醒人们"敬天顺时""循时而动"。

白露是农历八月的节气，时间在公历每年的 9 月 7—9 日，视太阳到达黄经 165 度时为白露。2016 年白露交节时刻是公历 9 月 7 日，即农历八月初七 12 时 51 分。

白露前后，夏日残留的暑气逐渐消失，天地的阴气上升扩散，天气渐渐转凉，清晨的露水日益加厚，在草叶和庄稼叶面上凝结成一层白白的、毛茸茸的水滴，所以称"白露"。在二十四节气中，只有白露二字最具诗意。用"白"这样的颜色形容词来界定节气，也只此一个。这使得白露具有了区别其他节气的色彩特征。因此，古人用五行来解释白露便自有其道理："秋属金，金色白，白者露之色，而气始寒也"，这样的解释极具传统文化的智慧。

时序轮回，年年白露。每当看到"白露"二字时，自然会想起《诗经》中的名句："蒹葭苍苍，白露为霜。所谓伊人，在水一方。"生长在河边湿地的茂密芦苇，颜色苍青，那晶莹透亮的露水珠已凝结成薄薄轻霜，那微微的秋风送着袭人的凉意，在这沁凉幽缈的秋日清晨，思见心切、望穿秋水的歌者，正一个劲地远眺张望着芦苇那头、大河对岸的"伊人"啊！

芦苇轻摇，秋水长天，这样的时节，是该有一番思念。

白露这个名字很美，也很有诗意。但无论如何，这应是深秋里的意境。所以，"白露为霜"的霜并非如此后霜降节气之霜，霜降之霜为冰晶，而白露之"霜"是清露因气温骤降形成于草禾叶面上白茸茸的透亮水珠。对于露珠之美，有不少诗词歌咏。唐代诗人韦应物一首五言绝句《咏露珠》，将其敏锐地捕捉到的露珠之美，非常形象生动地记了下来："秋荷一滴露，清夜坠玄天。将来玉盘上，不定始知圆。"

的确，"凉风至，白露降，寒蝉鸣"。这几句话，出自《礼记·月令篇》，用来描写眼下的物候现象，倒也很恰当。

古代将白露分为三候："一候鸿雁来，二候玄鸟归，三候群鸟养羞。"初候五日鸿雁来：鸿为大，雁为小，是不同的两种飞禽。

鸿雁二月北归，八月南飞。这里"来"当是往南飞的意思。写到这里，蒙古民歌《鸿雁》的旋律，竟在耳畔悠悠响起，心下不觉思绪纷然。二候五日玄鸟归：玄鸟就是燕子，燕子是春分而来，秋分而去，它是北方之鸟，如今红花半落归去也，燕语呢喃只待来年了。三候五日群鸟养羞：这个"羞"同"馐"，是美食。"玄武藏木荫，丹鸟还养羞"，养羞是指诸鸟儿感知到肃杀之气，纷纷储食以备冬，如藏珍馐。

大雁归去，燕子南飞，鸟儿们开始收藏过冬的食物。秋意渐浓的白露时节。一早起来，院外的花草树叶上满是晶莹的露水。旧时，讲究的人家会早早起来，手中托着瓷盘，细致地收取花草上的露水，回去煎茶。《本草纲目》上说，露水"煎如饴，令人延年不饥"。古人甚至相信，露水可以让人长生不老。汉武帝曾为此在建章宫立了一个仙人承露盘。铜仙人有二十丈高，捧着铜盘玉杯，恭恭敬敬，承接天上的露水。

据说，不同的露水有着不同的功效。柏叶或者菖蒲上的露水可以明目；韭菜叶上的露水能去白癜风；草叶上的露水，会使人的皮肤变得富有光泽；花朵上的露水，能让女子貌美如花。有史书上说杨贵妃每天清晨都要吸食花瓣上的露水。更多的人收集了露水是来饮用的。陆羽《茶经》上说，煮茶的水，"用山水上，江水中，井水下"。《红楼梦》里的妙玉用梅花上的雪来煎茶。而最讲究的茶客，是用露水煮茶，比起落雪，日出即逝的晨露似乎更难采集，所以更珍贵。

所有这些讲究，是为一种雅趣，是衣食无忧的人们追求生活多姿多彩的点缀。

而农人却没有露水煎茶这等雅兴，他们心事所系的永远是粮食的丰歉。《诗经·七月》中说："九月筑场圃，十月纳禾稼。黍稷重穋，禾麻菽麦。"庄稼正在做成熟前的最后冲刺，农人却为迎接即将到来的秋收碾压场院、收拾粮囤。

微微带着些凉意的空气中，从早到晚都浮动着庄稼瓜果即将成熟的清香。白露时节，农家的饭食日渐丰盛起来，一年四季中蔬菜最多的秋季来临，大海碗里顿顿都少不了南瓜、豆角、茄子、西红柿、北瓜等，自家地里种出的蔬菜，吃起来格外的香！

所以，每到这时，家家都会在露水挂满草尖的清晨，去地边采摘当天最鲜嫩的各色菜蔬。趁着露水采摘鲜菜，这让我想起插队时的一件奇事，事隔多年，至今仍不得其解——

那是白露时节的一个清晨，村里有个姑娘去村后山沟自家地里摘南瓜豆角。山路狭窄，草深露重，等摘好半布袋蔬菜后，鞋子裤腿早被露水湿透了。末了，她干脆卷起裤腿背着布袋往回走。快到村口在一个地堰边歇息时，被一条隐藏在草丛中的毒蛇咬了小腿。姑娘受到的惊吓可想而知，连蹦带跳地哭号导致蛇毒快速发作，小腿早已肿胀的明晃晃如檩条粗细。

然而，奇怪的事情发生在后面。

那时的山村，人或者牛羊被毒蛇咬了，乡亲们总是忌讳说"叫蛇咬了"，而是充满神秘地说"草挂了"。牛羊山上吃草，人在地里劳作，免不了有被"草挂"的时候，于是，有人就会"收伤"这门神秘的绝活。

相隔不到一里地的邻村，有一个光棍放牛汉会"收伤"。"收伤"

是乡亲们的说法，就是收伤人会念咒语把被"草挂"的对象体内的蛇毒收出来，即可保性命无虞，几日便痊愈。我亲眼目睹了整个"收伤"过程。

放牛汉被人急匆匆地从山上找回来，坐在姑娘对面进入状态开始"收伤"。

只见他口里开始念念有词。慢慢地伸出右手掌，顺着姑娘的小腿往下划拉，节奏不紧不慢，配合着他的念作一下接着一下。我蹲在近前看得真切，他手掌并没有贴着小腿肌肤，只是顺着肿胀的小腿在虚空中往下划拉。然后快速地一连串"呸、呸、呸……"将口中的唾沫星子冲腿面喷去，那动作还是象征性的，并没有真正把唾液明显吐到小腿上。"呸"完紧接着又是不停地念作，不停地用手往下划拉……一遍又一遍。

也就是几袋烟功夫，就见姑娘肿胀的小腿上慢慢地渗出了一层淡黄的水珠，整条腿在阳光下变得湿漉漉的。

人群中有人小声惊呼："快瞧快瞧，蛇毒收出来啦……"放牛汉操起身边簇新的扫炕笤帚又顺着小腿从膝盖往脚面一下又一下地扫。依然离小腿有一指的高度，只是在虚空中做扫的动作。扫不了几下，我就看到笤帚前端半寸长全变湿了。就见放牛汉拿起地上的剪刀，将笤帚已经湿透的半寸全部剪掉在身后的地上，并吩咐人把那些铰下的湿乎乎笤帚尖儿小心掩埋……如此折腾了数次，快晌午时才罢手。几日后姑娘果然恢复如初，照常下地干活。

这是我亲身经历的一件奇事。这些年，每每想起愈觉不可思议。前几年曾将此事写成散文《乡村系列之·收伤》，别人看过以为是小说。

那年月，贫瘠的山村里有着许多神秘的事物，至今想来无法解释。时过境迁，放牛汉已经离世，有关"收伤"的法事在那一带山村也已失传。这样一种事物，不知能否纳入到我们常规的传统文化中，但它确实在广大的乡野间存在过，并且给当年生活贫困、缺医少药的乡亲们带来过实实在在的福音，甚至挽救了性命。

我坚信，这样一种现象肯定不是迷信，尽管我无法给出科学合理的解释。

白露时节，想起当年踩着浓重露水的劳作，也想起亲身经历的这件奇事，随手记下，也算一段趣闻。

今年白露交节后，中秋节又紧随而至。"露从今夜白，月是故乡明"。白露临近中秋，自然勾起人的无限离情。这时节，注定是思乡思亲的，白露含秋，滴落千年乡愁！

中秋，三秋至此为半，一年中最有诗意的时节携着满天月光款款走到近前。

"中秋"一词，始见于西周的《周礼》，但作为节日，则兴盛于宋代。吴自牧的《梦粱录》卷四《中秋》记载："八月十五中秋节，此日三秋恰丰，故谓之中秋。此夜月色倍明于常时，又谓之月夕。"

按照传统历法，农历八月为秋季之中，故曰"仲秋"，这里的"仲"即为居中之意。八月十五即居秋季之中，又居"仲秋"之中，所以称为"中秋节"或"仲秋节"。因为中秋节和月亮有关，是日又要合家团聚，故旧时又有月夕、秋节、八月节、八月会、追月节、女儿节或团圆节的叫法。

中秋节的由来，与古代祭月风俗有关。《礼记·祭法》中有"夜明，祭月也"的记载。秦汉之前已经有秋分之夜，天子到国都西郊月坛祭月的规定。到了唐宋，有关祀月记载则更为详尽。

上古神话有女娲捧月和嫦娥奔月的故事，长治作为神话之乡，这些神话故事或多或少都与这片古老的土地有些关联。如清光绪《长治县志》记载的上郝村西北天台山，俗传乃女娲炼石补天处。西汉刘安所著的《淮南子·本经训》中的"三峻之山"，指的就是上党战役主战场屯留县老爷山。传说老爷山是"羿射九乌"之地，而山下村姑嫦娥则是英雄羿的妻子。一位仙人为彰其射日功绩，送给羿长生不老之药。羿将药交与嫦娥保管，却被徒弟逢蒙得知，乘羿外出时逢蒙逼着嫦娥交药。嫦娥在万分紧急时将药吞下，瞬间，她身轻如燕，径直飞向月宫。羿从此和嫦娥分居两地，只能在中秋月明之时，设桌祭供。

这些神话故事至今依然在上党广大乡间流传，生生不息。曾读到过民国时由陈果夫、邱培豪两位先生合著的《时光的步调：中华民国生活历》一书，书中针对中秋节有这样的记载："山西襄垣县，则于是夕邀亲友夜饮玩月，谓之团圆会。盖皆状是夕团圞之明月，以为所亲者完聚之佳期焉。"既有此习俗，恐皆与"羿射九乌""嫦娥奔月"的传说不无关联。因为老爷山主峰虽在屯留境内，实乃屯留、襄垣两县交界之山，山下两厢民风均有此俗，便可以理解了。

此俗流传延展，故上党城乡民间看重祭月习俗便不足为奇。旧时，八月十五圆月之下，家家都在自家庭院中设香案方桌，上面摆满祭菜、月饼和时令瓜果诸如石榴、葡萄、苹果、梨枣等等。当然，月饼自然要摆到桌子中间。香烛高燃，满庭芳香，全家人尤其是女性必先祭拜。这是因为，古人以为月为阴象，又与日对举，被尊之谓"太阴星主"。相传中秋夜，太阴还元，为月生日。俗称月姐为女神，也就是传说中的嫦娥。因此，祭月时则多由女子拈香拜之。

古往今来，月亮在人们心中是美丽、温柔、恬静和可爱的，集所有阴柔之美于一身。而"嫦娥奔月"、"吴刚伐桂"、"玉兔捣药"，这些多情而美丽的神话，使得八月十五明月夜，神秘而富诗意。

小时候，仅有的几年中秋赏月经历印象深刻。那时，母亲总会唱着"明奶奶，高挂挂，爹织布，娘纺花……"的歌谣，讲嫦娥奔月、吴刚伐桂的故事。每听到此，小脑袋中满是月宫桂影的无边幻想。可这样美好的日子，随着一场运动戛然而止，成为我一生都挥之不去的精神创伤。都说"但愿人长久，千里共婵娟"，这月光洒满的人世间，又有多少无法言说的离愁伤痛啊！

中秋节的传统习俗除了祭月、赏月、吃月饼，还有观桂花。桂树被认为是月宫仙境中的唯一植物，又是人间清纯的象征，所以世间最高的友谊往往用"桂兰之交"来比喻。"八月桂花遍地开"，中秋正是桂花飘香时节，赏月赏桂赏海棠，自是一番别样意趣。

而对于孩子们来说，中秋节最美好的记忆莫过于吃月饼。相信现在的月饼比过去做工精细品种丰富，然而却再也吃不出过去的味道和感觉。

城里人对节气没什么感觉，而在乡间，中秋节一过便要忙碌了。"白露前后籽半饱"，再过半个月到秋分时，忙碌的乡间便开始秋播冬小麦和"三秋"大忙了。"白露前三天打核桃"，"白露高粱秋分豆"

是说在大田里，白露时节该收割高粱而秋分则要收割大豆了。这些谚语表明，打核桃、收高粱是"三秋"大忙即将开始的序曲。庄稼人面对累累果实的欢欣从这些谚语中得到印证。

上党一带许多乡村都种植核桃，品质优良。这些天，市场上早已有了新核桃和枣子，而且价格不菲。核桃作为时令果品，其营养价值极高，深受人们喜爱。只是这小小核桃还颇有些来历：核桃原名叫胡桃，又名羌桃。据《名医别录》中记载，"此果出自羌湖，汉时张骞出使西域，始得终还，移植秦中，渐及东土……"羌湖古时指南亚、东欧及国内新疆一带。张骞将其引入中原地区时，称作"胡桃"。"胡桃"改叫核桃与从武乡起家的后赵皇帝石勒有关。据史料记载，319年，时为晋国大将的石勒称霸中原，其建立后赵时，由于石勒祖上为匈奴支系羌渠胡人，故忌讳"胡"字，所以把"胡桃"改名为核桃，并一直沿用至今。

武乡作为长治市下辖的一个县，既是抗战时期八路军总部和如今闻名中外的八路军太行纪念馆所在地，也有"石勒城"等相关历史遗迹，可谓文化底蕴深厚。说到核桃就多扯了几句，算作题外话，就此打住。

白露节令一到，一年中最可人的时节真正来了。

按照传统的说法，秋，分为孟秋、仲秋、季秋，谓之"三秋"。孟秋在八月，仲秋在九月，季秋在十月。从我们自身感觉来说，我认为最能代表秋天特色、最具秋天性格的，非仲秋莫属。你看，初秋，刚从炎夏脱胎出来，仍带着暑热之余气；深秋，则将要步入严冬季节，已有近冬之寒气。唯有仲秋，处在夏季与冬季的正中，夏气已消尽，冬气还未到。天高，气爽，云淡，风凉，最是一年好时光。

然而，一切有生命的东西，总是依节而变。这样的好时光，在露珠皎洁、秋风渐萧的白露时节，万物都随之由荣而衰，"柔条旦夕劲，绿叶日夜黄"，"蟋蟀吟深树，寒蝉向夕号"。古时，多愁善感的文人墨客，观此变化，伤悲之情油然而生，并流于笔端。就连那气势恢弘的《楚辞》，也有这样的诗句："皇天平分四时兮，窃独悲此凛秋。白露既下百草兮，奄离披此梧楸。"屈原之后的文人们，历代悲秋者不在少数，而悲秋之作，更是汗牛充栋。把个天高云淡、风凉气爽的大好季节，写得凄惨悲切。其实大可不必如此伤感，万物兴歇皆自然。

唐代诗人刘禹锡，写过不少沉郁悲怆的怀古诗，但他写的《秋词》，却一反以往悲秋的格调："自古逢秋悲寂寥，我言秋日胜春朝。晴空一鹤排云上，便引诗情到碧霄。"这是多么雄浑壮美的景象，为后人留下了秋天高唱豪迈之歌。

仲秋时节，金风袅袅，天清日丽，何不趁此良辰美景畅快人生！

这时节到乡间去，可以看到田野里的庄稼和菜蔬的姹紫嫣红，可以看到枝头的累累硕果。节令在大自然这个调色盘上，只轻轻一抹，一年四季中最丰富的色彩便呈现在我们眼前。

再过些时日，那个色彩斑斓，层林尽染的秋天，在"金风玉露"一笔一笔的描画下，正准备着盛大登场呢！

史留俊书

南湖晚秋 *白居易（唐）*

八月白露降，湖中水方老。但惜秋风多，衰荷半倾倒。手攀青枫树，足踏黄芦草。

惨淡老荣颜，冷落秋怀抱。有兄在淮楚，有弟在蜀道。万里何时来，烟波白浩浩。

秋色平分·秋　分

"八月十五月正圆，中秋月饼香又甜"。中秋月夜的温馨、恬静和美好，尚浓浓地留在人们心中，几天后秋分节气眨眼又到了。

中秋和秋分，一个是民俗节日，一个是岁时节气。中秋节在阴历八月十五，秋分节气则多在阳历 9 月 23 日，少数在 9 月 22 日，此时太阳到达黄经 180 度。2016 年秋分交节时刻是公历 9 月 22 日，农历八月廿二 22 时 21 分。

翻阅古籍，就会看到，中秋和秋分确乎有一种"血缘关系"。秋分这个节气在二千多年前的春秋中期，就已测定并确立了名称。与此同时测定的节气还有夏至、冬至和春分。至于中秋节，则源于祭月。古有"春祭日，秋祭月"之说，秋分曾是传统的"祭月节"，而中秋节正是由传统的"祭月节"而来。据考证，最初"祭月节"是定在秋分这一天，不过由于这一天在农历八月里的日子每年不同，不一定都有圆月。而祭月无月就太煞风景了，所以人们就将"祭月节"由秋分调至离秋分最近的一个望日，也就是阴历的八月十五了。

因最早测出了上述四节气，因此便制定了相应的时序祭祀。早在周秦时，古代帝王就有春分祭日、夏至祭地、秋分祭月、冬至祭天的习俗，其祭祀的场所分别称为日坛、地坛、月坛、天坛，分设在东南西北四个方向。有关天子祭日、祭月的礼制很早便有记载。《国语》中说："大采朝日，少采夕月。"《礼记》中也有这样的记载："天子春朝日，秋夕月。朝日以朝，夕月以夕。"当时，镐京（今西安）城西有月坛，每到中秋的晚上，帝王身穿白衣，骑白驹前往祭祀。此礼一直沿续到清末。所以，现在北京仍有这些建筑遗存。北京的月坛就是明嘉靖年间专为皇家祭月修造的。古时，秋分祭月乃国之大典，士民不得擅祀。可是，严格的规定怎么能阻挡人们望月怀远、借月抒情呢？大自然的美好人人向往，于是，披星戴月劳作中的人们，就把心中的祈盼和情愫寄予明月，并将中秋之夜赋予了许多神性和美好。

秋收前的这时节，秋高气爽玉宇无尘，天地清澈而日月明丽，故"月到中秋分外明"。人们祭月时为月的温柔美丽所吸引，触景而生情，思乡且感怀，久而久之祭月延伸为赏月的风俗，便成了中秋佳节。

中秋之夜，皓月当空，银光漫漫，人们吃着月饼、瓜果，仰望夜空，不免万斛思忆，活泼灵动，想象出种种美妙的神话：嫦娥奔月、吴刚伐桂、玉兔捣药……

正因赋予了中秋月夜纯美的神话和丰富的文化内涵，所以这个节日便格外地令人牵念。"今夜月明人尽望，不知秋思落谁家"。在万家团圆的中秋之夜，也是人们情思绵远、骚客乡愁浓郁的时刻，古往今来，由此诞生了多少或美妙或伤怀的诗句啊！

万古如斯，一轮明月总在此刻牵动人心。

2016年的中秋之夜，尤其值得记忆。天宫二号空间实验室发射成功，让我们在赏月抒情、吟诗怀古的浪漫中，再次见证了一个国家科技的高度发达和探索宇宙的信心。

中秋之夜，神话与科技在澄明的天宇中交相辉映。

如果说，中秋节是诗性的扩张，那么，秋分则是科学思维的结晶。在二十四节气中，秋分和春分遥相对应。春分这天，太阳到达黄经90°，阳光直射地球的位置，由南半球回到赤道。秋分这天，太阳到达黄经180°，阳光直射地球的位置，由北半球回到赤道。如同春分日一样，秋分来临，这又是一个昼夜等分之日。秋分之"分"为"半"之意。除了昼夜等分之说，秋分处在"秋三月"九十天的第四十五天，正好平分了秋季。所以就有了"平分秋色"的说法。《春秋繁露·阴阳出入上下篇》中说："秋分者，阴阳相半也，故昼夜均而寒暑平。"多么简练而准确的记述。秋分与春分前后，都是风日晴和，温凉适宜的时节，所谓春秋佳日。况秋在四时中对应五行中的金，故人们也将秋天称为金秋，而这时节田野之上，庄稼成熟，果实累累，大地也被季节涂抹得一派金黄。所以清代诗人紫静仪在《秋分日忆用济》中写道："燕将明日去，秋向此时分。"便是此刻"金气秋分"之象。

古人将秋分分为三候："一候雷始收声；二候蛰虫坯户；三候

水始涸。"秋分，八月中。初候五日雷始收声，对应春分的"雷乃发声"。是说雷在阴历二月阳中发声，八月阴中收声，所以秋分后很少再有打雷闪电的现象。这让人想起一些寺庙中常绘有的雷公电母壁画，秋分之后，忙活了一个夏季的雷公电母也该歇歇了。实际上雷始收声是因为秋分之后秋燥之气渐盛，干燥的空气难以形成雷电，所以雷声便消失了。二候蛰虫坯户，《月令七十二候集解》中说："蛰虫坯户，淘瓦之泥曰坯，细泥也。"就是在穴口用细土垒一小高堰。是说众多小虫在上一候应时都已经穴藏起来了，即"万物随入也"，此候应用细土封垒洞口以减少寒气侵入。实际上是说冬眠的虫子开始储备食物、挖洞穴，准备蛰伏过冬了。三候水始涸，涸是枯竭之意。此时降雨量开始减少，由于天气干燥，水气蒸发快，所以湖泊与河流中的水量变少，一些沼泽及水洼处开始干涸。古人对节候的记述总是这么的精妙，严谨于笔下，想象于界外。这让人想起唐代诗人元稹《咏廿四气诗·秋分八月中》中理性而又浪漫的吟唱：

琴弹南吕调，风色已高清。云散飘飖影，雷收振怒声。

乾坤能静肃，寒暑喜均平。忽见新来雁，人心敢不惊？

首句指从音律上说，八月属于"南吕"。"南吕"响起而雷声隐匿；云清气肃而昼夜平分。北雁又南飞，让人猛然间惊觉时光的流逝。这首吟咏秋分的诗作充分调动人们的听觉、视觉和触觉来感知秋高气爽、朗朗乾坤的清秋景色。

秋分之后，冬眠的动物纷纷开始做越冬准备。此时，民间则有很多民俗活动，除了前边谈到的"祭月节"和中秋赏月的习俗，还有一些风俗为秋分这个节气赋予了更多意义。

"秋分到，蛋儿俏"。在每年的春分或秋分这一天，很多地方都会有很多人在做"立蛋"试验。选择一个身量匀称的新鲜鸡蛋，轻手轻脚地竖放在桌上。

为什么春分或秋分这天鸡蛋容易竖起来？有人认为，春分、秋分是南北半球昼夜等长的日子，地球地轴与公转轨道平面处于一种力的相对平衡状态，鸡蛋较容易立；也有人说，春秋分时节天气晴朗，人的心情舒畅、思维敏捷，动作也利索，有利于立蛋成功。虽各种说法不一，但秋分立蛋这项有趣的民俗活动，却令人乐此不疲。有关立蛋的趣味民俗，我已在春分节气一章中有过记述，这里不再赘述。

秋分期间，过去一些地方还有挨家送秋牛图的习俗。所谓秋牛图，是把二开红纸或黄纸印上全年农历节气，还要印上农夫耕田图样，美其名曰"秋牛图"。送图者都是些民间善言唱者，主要说些秋耕吉祥、不违农时的话，每到一家更是即景生情，见啥说啥，说得主人乐呵呵，捧出钱来交换"秋牛图"。言词虽即兴发挥，随口而出，却句句有韵动听，民间俗称"说秋"，说秋人便叫"秋官"。据说，秋分遇到"秋官"很吉祥。这到让人想起正月十五闹元宵的风俗，一些自发组织的舞狮队，会挨家挨户表演。锣鼓一响，舞狮上场，自家门口煞是热闹。表演完毕，主家会拿两包香烟或者十块八块钱送上，当然多少随意，无非是过节讨个吉利。

这是田野上生长的习俗，这样的习俗传达着先人们朴素的愿望，是自古以来人们与自然共处的生活情趣。可是，这样的习俗却日渐式微，甚至消失，民间的沃土很难抵挡现代生活方式的冲击，我们该去哪里找回关乎从容、关乎虔诚、关乎"敬天顺时"的生活呢?

但我依然愿意想象,在"秋官"满口吉利的说唱中迎接又一个秋天的到来。

"新筑场泥镜面平,家家打稻趁霜晴。笑歌声里轻雷动,一夜连枷到天明"。宋代诗人范成大的诗早已把我们带入"三秋"大忙季节。这时节,秋收、秋耕和秋种显得多么紧张。当辛苦劳作的农人们在丰收的笑声里听到偶尔一声轻雷隐隐传来,秋雨微微而下的时候,于是挑灯夜战,打谷的连枷挥舞不停,直到天明。虽然诗人写的是南方的秋收,而北方秋分时节的田野上又何尝不是如此的忙碌!

"秋分十日无生田"。此时节,整个大地都熟了!掰玉茭、割谷子、收大豆……抢收庄稼一件接一件,不得片刻消停。秋收就是一场大戏,人们起早贪黑,没时没晌地抢收,生怕遇到连阴天,一年到嘴的粮食烂到地里。我插队的山区,比不得那些平川。秋收时,好多山坡地牲口到不了地边,只能人背肩扛下山,到平点的地方再由毛驴车拉回到谷场上,山上山下扛着谷捆、挑着玉茭往返多趟,有时累得连话都说不出来。

谷场上,掰回的玉茭成堆,掐下的谷穗、收回的大豆正在晒打,一派有条不紊的忙乱景象。玉茭要撕皮、辫起来,然后往谷场边早已栽好的木杆上缠绕,一圈一圈可达两丈多高,慢慢晾晒。而谷穗和大豆则摊在场上抓紧收打,套上牲口拉着碾滚子,转着圈反复碾压、一遍遍翻场,然后扬场、簸捡、装袋,天黑时分把当天收打的粮食全部过秤入库。

当然，场上庄稼堆积如山，一时半会收打不完，生产队长早已吩咐人在场边搭好一个小窝棚，安排人晚上看场。看场也是个好营生，两个人搭伴，躺在窝棚里望着满天星斗有一句没一句地闲扯，要不就从玉茭堆中翻找些嫩玉米，在场边点火烧烤吃。那年月缺吃少喝，每每这时都是最有兴致的时刻。

正因为粮食不够吃，才有人半夜到谷场上偷庄稼。我看场时遇到过几次，但都悄悄地把人放走了——庄稼人不容易，累死累活一年下来连嘴也糊不住。我深有体会，饿的滋味不好受！

为此，我也曾有过"偷秋"——秋天是农人最好的季节，只要带着取灯儿（火柴），在地里什么都能偷偷地烧着吃。我们经常下地回来时，会偷几穗嫩玉米煮着吃。最可怕的一次"偷秋"差点出了人命！

那年月，一年也见不上个水果，真是太馋了。于是我们几个饥馋难耐的小青年，合计着去生产队的果园偷苹果吃。几个人趁着夜色摸到二里地外半山腰的果园，从插满酸枣圪针丈许高的地堰边悄悄爬到果园里。正蹲在树下狼吞虎咽吃苹果时，没想到看守果园的人听到了动静，他拿着手电筒往这边一晃，大喊一声："谁啊？！"紧接着"嘣"一声枪响，我们头顶就如暴风刮过一般，密集的铁砂呼啸而过，苹果树叶纷纷落下。我们扔下手中的苹果，像受惊的兔子一般窜出去，从一丈多高的地堰边跳下，哪里还顾得浑身扎的刺疼的酸枣圪针。其实我清楚，果园看守人是故意将枪口抬高的，否则那是什么样的后果啊。

多少年过去，在这个秋天苹果即将成熟的时节，再想起这件事，依然既兴奋又刺激——谁没有年轻的时候啊！

秋分节气，由于气温降得快，不仅秋收要抢时间，而且秋耕、秋种也显得格外紧张。据考证，我国很早就以"秋分"作为耕种的标志了。汉代农学家汜胜之在其书中说："夏至后九十日昼夜分，天地气和，此时耕田一而当五，名曰膏泽，皆得成功。"汉末崔寔在《四民月令》中写道："凡种大小麦得白露节可种薄田，秋分种中田，后十日种美田。"而种田人的谚语，则说得更为明确、简洁："白露早，寒露迟，秋分种麦正当时。""秋分麦入土。""三秋"大忙时节，一边收获，一边播种。人们在满怀喜悦秋收的同时，又播种来年的憧憬和希望。季节就是这样周而复始的。

秋天的美好在于收获，秋天的美妙还在于秋虫的吟唱。某日夜间在公园散步，沁凉的夜色中突然就传来蛐蛐的鸣叫，那声音微弱且又坚韧，与不远处公园外大街上车水马龙的喧嚣持续地抗衡着。这美妙的自然之声诱惑得我干脆停下脚步，驻足聆听：徐徐地、缓缓地、沉沉地……我沉浸其中，眼前交替叠加出鼓琴、咏诗、下棋、投壶的镜像，这些古人诗意盎然的生活，就如电影般一幕幕闪回。我不知道这几只蛐蛐是不是唱给我聆听的，但这秋虫的吟唱却多少修复了我的听觉，一下子唤醒了心底浓稠的往事。我立于树影下良久，在蛐蛐徐徐地吟唱中，就看到一个十五岁的小知青，披一身月色，肩挑一担刚掰下的玉茭穗，气喘吁吁地行走在弯弯的山道上。两边的庄稼草丛中，是一声声秋虫的鸣唱……

秋分时节，深秋正款款迎面走来。时序年年这般轮回推演，又一个斑斓的金秋在高寥的天空下盛装登临。此时节登高望远，看千山尽染，听水落潮平，感万物归根，一年好景最须看。让我们走出家门，去感受收获，去感受秋山，享受大自然的馈赠。也可怀揣几分小小的浪漫，随手捡几片枫叶、黄栌和银杏作为书签，带着这一年的时光味道，夹在季节的记忆里。

漏鐘仍夜淺時節欲秋分泉聒棲
松鶴風除翳月雲踏苔行引興枕
石臥論文即此尋常靜來多只是
君 賈島夜喜賀蘭三見訪

歲次丁酉二月 志鴻錄於弘文書館

韩志鸿书

夜喜贺兰三见访 贾岛（唐）

漏钟仍夜浅，时节欲秋分。泉聒栖松鹤，风除翳月云。
踏苔行引兴，枕石卧论文。即此寻常静，来多只是君。

菊有黄花·寒 露

　　初八交寒露，初九逢重阳，寒露交节前一天的一场绵绵秋雨，使天气骤然寒凉。"一场秋雨一场凉"，气候一个小小的变脸，眼前的景象就会改了模样。回首想来，此时离上个秋分节气也不过才半个月的时光。

　　是啊，秋分过后，秋夜渐长。时光倏忽间，寒露节气便应时到来。一年当中，山川大地上色彩最为绚丽的景色如期而至。枫树飘红、栌叶飞黄、菊花散金，如画的大地图景在露水凝重的这个节气里盛装登场。

　　寒露是九月的节气。《月令七十二候集解》说："九月节，露气寒冷，将凝结也。"意指此节气气温进一步降低，草木上的露水不仅发白，而且非常冰冷，快要凝结成霜了。天文上规定，太阳到达黄经195°时为寒露，2016年寒露交节时刻是公历10月8日，农历九月初八 4 时 33 分。

　　时到寒露，不由得想起上个月的白露来。这两个节，皆因露而来，都是表示露这种物候现象的。不过，又有所不同。白露，依露的颜色而命名："阴气渐重，露凝而白也。"而寒露，则因露给人寒的感觉而得名。唐代孔颖在对《礼记·月令》有这样的阐述："谓之寒露，言露气寒将欲凝结。"的确如此，白露后，天气转凉，开始出现露水，到了寒露则露水增多，气温更低，早起的露水便有刺骨的感觉。白露、寒露这两个节气的名字，既表示了物候的变化，也表示了气候的变化。

　　从白露到寒露，时间虽只过了一个月，但气候的变化，以及由此引起的物候的变化，却是很明显的。如果说，白露节标志着炎热向凉爽的过渡，暑气还未完全消尽，早晚间可见露珠晶莹闪光；那么，寒露节则标志着凉爽向寒冷的过渡，露珠寒光四射。正所谓"寒露，寒露，遍地冷露。"

　　想起插队时，生产队起早贪黑忙收秋，那时从地里往回拾掇庄稼都是肩挑背扛，"三秋"大忙前后要持续一个多月。每天早起下地，趟过沟沟岔岔和地边的草丛，寒冷的露水即刻就把鞋子、裤腿打湿了，冰凉沁骨，一直到半上午才能暖干。可第二天早上又照样被打湿，天天如此。"三秋"大忙，人都累个半死，根本没时间和心情换洗衣服——那时候农村穷苦，各方面条件很差，人也没那么多的讲究，只图每天能填饱肚子睡个好觉便知足了。所以说，很多时候，人是随奈何走的！

　　闲话少说，我们还接着说节气。寒露时节，露当然是主角。尽管露水只是在夜里才降下。但是，它们就像一幕大戏里那些主宰全剧命运的神灵，在倏忽一闪中，在不动声色里，主宰着季节的征候。让绚烂了一个夏季的花朵尽情凋零，让一池盈盈的碧荷残败，让春天就开始蓬勃的树叶枯萎飘落，让"春风吹又生"的一茬茬百草在秋风寒露中摇曳变黄。古诗中说："素秋寒露重，芳事固应稀。"又说："九月寒露白，六关秋草黄。"时光曾经热烈过，曾经绵延过，而此刻，不觉已渐深秋。轮回的节气从不会被打扰，它们总是依着自己的步调，从容中自有一股不可阻挡的力量。

在这深秋的时节，无论是"藜杖侵寒露""气冷疑秋晚"的自然变化，还是"望处雨收云断，凭阑悄悄，目送秋光"的情感冲击，或是"故人何在，烟水茫茫"的思念情怀，都会让人品味出冷落清秋的意味。

在古诗词里，有很多这样和节气密切相关的诗句，中国古诗为节气立传，体现了对大自然的敬畏，就如同古人的生活一样，讲究天人合一，讲究敬畏和禁忌。但现在的人缺少了诗意，缺少了雅致，没有了敬畏，也没有了禁忌。其实禁忌就是一种怕，这种"怕"在今天一切都不怕的教育下已经被消灭了。古人的怕，是一种可贵的精神素质，就如一个哲学家所言，这种怕与任何的畏惧、怯懦都不相干，而是与羞涩、虔诚相关。

作为万物灵长的人，即使在科学技术高度发达的今天，也还是应该有所畏惧的。随节气轮回，依时序生活，就如自然界那些植物、动物一样，虔诚地跟随四季，跟随节气、跟随着天地而生的风和水，诗意地感知和创造生活。

常言说草木多情。其实，草木的多情就是因了风与水随节气变化所致。是的，节气来了，最能感知到的正是餐风饮露的植物。春天，水足风暖，春暖花开，大地一片绿色，生机盎然。夏天，风热水蒸，热风载水，滋润着万物茁壮与茂盛。秋天，风凉水静，水收风干，植物果熟叶凋。冬天，风寒水冻，植物藏而归根，动物也进入了冬眠。

这是多么有序而虔诚的轮回。但愿今天的人们还能像这样"敬天顺时"地生活，找回那份天人合一的状态。

古人将寒露分为三候：初候鸿雁来宾；二候雀入大水为蛤；三候菊有黄华。此节气中鸿雁排成一字或人字形的队列大举南迁。白露节气鸿雁开始南飞，到寒露时应为最后一批，古人称后至者为"宾"；深秋天寒，雀鸟在大海上盘旋后都不见了，古人看到海边突然出现很多蛤蜊，并且贝壳的条纹及颜色与雀鸟很相似，所以便以为是雀鸟跃入海中变成的。飞物化为潜物，这是古人的想象，也是古人对感知寒风严肃的一种说法；"菊有黄华"，华是花，草木皆因阳气开花，独有菊花因阴气而开花，其色正应晚秋土旺之时，故菊花将普遍绽放。

在中国传统文化中，梅花是冬天的象征、荷花是夏天的象征、兰花是春天的象征、菊花则是秋天的象征。在这百花凋零时节，菊花以其独特的风姿，怒放于飒飒秋风之中，给大地平添灿烂的色彩。

古人咏梅、咏荷、咏兰的诗不在少数，而咏菊之诗也多不胜数。

"待到秋来九月八，我花开后百花杀。冲天香阵透长安，满城尽带黄金甲"。唐末农民起义领袖黄巢的诗作《不第后赋菊》，粗犷豪迈，充满阳刚之气，这是他借菊花的独特个性来抒写自己的情怀与气概。

同样是咏菊言志，与黄巢境界大相径庭的，则是陶渊明抒发的"心远地自偏"的精神气质，其超凡脱俗而显得意境高远。这既符合深秋天高云淡的自然特征，也符合人类平和顺势的自然本性，是人与自然的和谐统一。这种回归自然、复归本真的状态，成为后来历代文人所向往的完美生命形态和终极精神追求。

的确，历代咏菊之诗多如牛毛，而有谁能与东晋的陶渊明比肩呢！

陶渊明不肯为"五斗米折腰，拳拳事乡里小人"，便弃官回乡。在躬耕田园的生活中，种菊采菊咏菊，在所有诗人当中，陶渊明恐怕是最爱菊花的了。一句"采菊东篱下，悠然见南山"为他赢得了菊花之神的雅号。而菊花，也许又因了他的缘故，被人们称作"花之隐逸者也"，成为品格高洁的象征。

写到这里，想起多年前的一个深秋，我曾独上庐山。那时节庐山正是枫叶流丹、桂花飘香、菊花金黄。庐山，自然染就的诗意浸得人忘我，时时于暮色中的山林间体会"明月松间照，清泉石上流"的意境。而令我更牵念的却是山脚下九江县的陶渊明故居——在飘逸悠远的箫声中，我似乎隐隐看到"南山"下一个婉转于东篱菊花深处的身影，寒霜雨露中遗世独立。弃官归隐之后的陶渊明，过着"躬耕自资"的隐居生活。躬耕之乐很大部分便来源于菊。我似乎看到庐山脚下那片烂漫了一千多年的菊园，依然向世人灿烂着："菊花如我心，九月九日开；客人知我意，重阳一同来。"岁岁重阳日，亲友相约前来观赏菊花，这又是何等的欢愉自在。菊让陶令沉醉，陶令却使菊流芳后世。陶令之后，菊花便成了中国文人孤标傲世的精神象征。"春兰兮秋菊，长无绝兮终古"，菊花迎霜独立，被文人比喻为高洁的品质。因而，东坡有"菊残犹有傲霜枝"之赞，元稹有"此花开尽更无花"之叹，韩琦有"且看黄花晚节香"之志。菊花遇到文人，便有了君子之德，隐士之风，志士之节。

深秋菊花放，淡雅傲露霜。以花喻人，是只有人生到达这个季节里才会有的心态和境界。

隐士有风骨，而民间则重习俗。

农历九月各种菊花盛开，因此，九月也被称为"菊月"，人们赏菊、咏菊的习俗已流传了两千多年。赏菊活动，在重阳节最为热烈。

农历九月初九俗称重阳节，又称"老人节"。由于《易经》中把"六"定为阴数，把"九"定为阳数，九月九日，日月并阳，两九相重，故而叫重阳，也叫重九。千百年来，民间在此日形成登高的风俗，因此重阳节又称"登高节"。也有的称其为重九节、菊花节等。重阳节早在战国时期就已经形成，到了唐代，重阳被正式定为民间的节日，此后历朝历代沿袭至今。而"重阳节"名称见于记载却是三国时代。据曹丕《九日与钟繇书》中记载："岁往月来，忽复九月九日。九为阳数，而日月并应，俗嘉其名，以为宜于长久，故以享宴高会。"古人认为这是个值得庆贺的吉利日子，九九重阳，因为与"久久"同音，"九九，久久，延年益寿"。九在数字中又是最大数，有长久长寿的含义，况且秋季也是一年收获的黄金季节，重阳佳节，寓意深远，人们对此节历来有着特殊的感情，唐诗宋词中有不少贺重阳、咏菊花的诗词佳作。最脍炙人口的便是王维的《九月九日忆山东兄弟》："独在异乡为异客，每逢佳节倍思亲。遥知兄弟登高处，遍插茱萸少一人。"

茱萸是一种乔木，其果实可入药。汉代初，据说皇宫中每年九月九日，都要佩茱萸、食蓬饵、饮菊花酒以求长寿。而插茱萸的风俗，至唐代更为风行。古人认为，在重阳节这一天插茱萸可以避难消灾，所以不少妇女、儿童将茱萸佩戴于臂，或插在头上，用以辟邪讨吉利。

从史书中可以了解到，旧时的重阳节，有些地方要将家畜放纵于野，不能关在圈里，时谓"撒群"；有些地方还有抛弃某物以转移霉运的习俗；有些地方要放风筝；有些地方用五色来装点气氛；而有的地方则忌讳互相走访。凡此种种，皆与消灾辟邪有关。

不论如何，祈福禳灾总是人们美好的心愿。因此，讲究的古人在重阳节要登高、赏菊，还要饮菊花酒。"待到重阳日，还来就菊花"。据晋代葛洪《西京杂记》载："菊花舒时并采茎叶，杂黍米酿之，至来年九月九日始熟就饮焉，故谓之菊花酒。"药典载：菊花酒有疏风、明目、消热、解毒之功效。试想清秋气爽，菊花盛开，窗前篱下，片片金黄，时逢佳节，赏菊饮酒，自是别有一番情趣。白居易在《重阳席上赋白菊》中写道："满园花菊郁金黄，中有孤丛色白霜。还似今朝歌舞席，白头翁入少年场。"

这是何等的狂放！

饮罢菊花酒，登高以怀远。九月九日登上高处，壮观天地间，让秋风飒豁胸襟，自可以旺神健身、远眺明目。因此，这一习俗代代相传，是谓"踏秋"。其与农历三月三上巳节"踏春"一样，皆是举家出游之时，并籍登高用以"辞青"。"辞青"的说法源于寒露节气。重阳为秋节，寒露节后天气渐凉，草木开始凋零，重阳节登山除健身远瞩外，也意味着告别绿色。清代潘荣陛编撰的《帝京岁时纪胜》记载："(重阳)有治肴携酌于各门郊外痛饮终日，谓之'辞青'。"

传统的重阳节有着丰富的内容和习俗。时至今日，登高、赏菊还比较普遍，饮菊花酒的却少了，而边饮酒边写诗的就更少了，时代更迭，风雅不再。比起古人，我们愈来愈享受富足的物质生活，但精神上似乎显得苍白了许多。

今年重阳节在寒露交节的次日。你瞧，窗下菊花今又开，让我们在忙碌的工作生活之余，放慢脚步，放下精神负累，登高、赏菊，找回我们曾经"遍插茱萸"的重阳节！

每至习俗不再的节日，心中不免生出些许遗憾。那些源远流长、世代流传的乡风民俗，在过去漫长的岁月中，曾经无微不至地照料着我们的生活，慰藉着我们的心灵。然而，生活在当下这个新旧交替、飞速发展的时代，那些一直如影随形、如水就岸般承受着我们的节日风俗，不知道会在哪一个早晨或者晚上忽然烟消云散，把我们的身体和心灵赤裸裸地抛撒到一片苍茫之中，只有在这时，我们才会情不自禁地怀念那些熟稔的风俗，就像一个游子怀念家乡。也只有在回眸凝望之际，我们才会发现，那些我们原本熟视无睹的乡风民俗、陈规旧习恍然间变成了一幅幅温馨淳美、风情旖旎的风情画，让人魂牵梦萦、一咏三叹。

尽管一些民俗在消失，尽管我们怀念那些已然不再的风物，但生活总是天天向上。在上党盆地的这座小城，自有别处无法比拟的山水风景。不管是去东边的老顶山登高，还是去西边的漳泽湖赏花，或者去山野间看红叶黄栌，在这秋风渐起的寒露时节，和家人一起享受一顿美食当是不可或缺的生活乐趣——

"秋风起，蟹脚痒；菊花开，闻蟹来。"菊花遍开的时节其美味莫过于食螃蟹。螃蟹是人间美味，素有"四方之味，当许含黄伯为第一"的美誉。"含黄伯"就是指这金秋时节的螃蟹。秋高气爽、山艳云淡的重阳日，熟黄鲜美的闸蟹，佐以绍兴陈年的黄酒，就着东篱黄花，一家人其乐也融融，但使微醺又何妨！

寒露时节，山间霜结，水边雾漫。在长治城西边的漳泽湖湿地，树叶开始金黄，苇花迎风摇曳，绚烂过一个夏天的荷花始结莲蓬，而湖边大片大片的菊花却在霜露中恣肆怒放，与湖光水色相映成趣，成为此时节别具意韵的另类风景。

如果得闲，再往山里走走，去感受斑斓的秋山。上党盆地山水俱佳，太行太岳襟带东西，金秋景象绚烂热烈，丝毫不逊色于别处。"停车坐爱枫林晚，霜叶红于二月花"。赏红叶，莫过于黎城、平顺、壶关的山峦间，看秋林却最是沁源的深山里。登高以阔胸怀，举目尤可赏心。在这一年当中最绚烂的时节，让我们尽情感受天地间漫漫铺陈的盛大美景，切莫辜负大自然赐予人间的美好时光啊！

丁三虎书

八月十九日试院梦冲卿　王安石（宋）

空庭得秋长漫漫，寒露入暮愁衣单。喧喧人语已成市，白日未到扶桑间。

永怀所好却成梦，玉色彷佛开心颜。逆知後应不复隔，谈笑明月相与闲。

冷霜初降·霜　降

今日交节霜降，由于降雨降温，天气霎时就有了寒意。

今年秋天的雾霾天气似乎比往年多了些！本该是天朗气清、层林尽染的大好时节，却因为时不时的雾霾坏了人的兴致。而霜降交节前的降温降雨，使得天气愈加阴冷。正是：雾霾未散尽，秋雨送寒凉。

霜降交节后，若天气晴好，还可乘兴一赏最后的秋山，登高远眺，目送一个秋天从身边慢慢走远。

霜降是秋季的最后一个节气。经历了夏季的热烈和初秋的凉爽，此刻，在气温愈来愈寒凉的深秋，看到霜降这两个字眼，顿有一种时光沧桑之感。霜降一到，虽然仍处在秋天，但已经依次是"千树扫作一番黄"的晚秋、暮秋和残秋了。

这时节，每天清晨可见白霜，原野上一片银色冰晶。《月令七十二候集解》关于霜降是这样说的："九月中，气肃而凝，露结为霜矣。"草木零落，众物伏蛰，故民间称"霜杀百草"。霜降一般是在每年的 10 月 23—24 日，这时太阳位于黄经 210°。2016 年霜降交节时刻是公历 10 月 23 日，农历九月二十三 7 时 45 分。

霜降时节，夜里散热很快，温度甚至会降到零摄氏度以下，那些从白露开始到寒露凝结的圆润的露水，便会凝成六角形的霜花，形成入冬前的初霜景象。一般来说，白天太阳越好，温度越高，夜里凝结的霜就越多，所以霜降前后早晚温差更大。因此民谚有"霜重见晴天，瑞雪兆丰年"的说法。古时，人们以为霜是从天上降下来的，所以就把初霜时的节气取名"霜降"，其实霜和露水一样，都是空气中的水汽凝结成的。

古人的节气总是浪漫而感性，就如唐代元稹的《咏廿四气诗·霜降九月中》说的那样：

风卷清云尽，空天万里霜。

野豺先祭月，仙菊遇重阳。

秋色悲疏木，鸿鸣忆故乡。

谁知一樽酒，能使百秋亡。

诗中写了霜降时节云尽天高、木落雁飞的景象。霜降节气离九九重阳节很近，所以诗中特别强调了重阳，包括重阳赏菊花、饮菊花酒等习俗。今年重阳节与上个节气寒露紧紧相连，所以在寒露节气篇什中已对重阳节及其习俗作了重点介绍，包括饮菊花酒。菊花酒在古代被看作是祛灾祈福的吉祥酒，而今风俗流变，重阳节饮酒作诗这等风雅之事早已无从寻觅，有的似乎只剩下了吃与喝。古代节日的精神性被彻底消解。酒席之上多见于山西汾酒和长治本地特产潞酒，甚或还有全国各地的名酒，人们在匆忙的工作之余，使得节日酒席之间多了世俗与放松，唯独丢失了古代节日的内涵，也少了古人的那种风雅。世风转换，自然无可厚非。如果人们能在创造财富、创新实践中稍稍保留一点古风，岂不更好！

元稹诗中"野豺先祭月，仙菊遇重阳"的典故，源自于古代的霜降三候："一候豺乃祭兽；二候草木黄落；三候蜇虫咸俯。"这是说初候五日时豺狼开始大量捕猎小兽，豺狼在捕食时先把猎物陈列祭祀后再食用。《周书》上说："霜降之日豺祭兽。"此举据说是"以兽而祭天报本也，方铺而祭金秋之义。"又是一个"祭"的仪式，初春时节"獭祭鱼"，伏天时节"鹰祭鸟"，而深秋时节"豺祭兽"，这跨越春、夏、秋三季的三个"祭"，隐藏着怎样的原始密码？我个人以为，这是自然界动物生存的一种天然本能，捕获了猎物就陈放存储，好准备越冬。善良的古人则以这样的物候现象来提醒或者警示人类，做任何事情需知道回报与感恩；后五日野草枯黄、树叶掉落。这个节候现象人可感知，无须多言；再五日入蜇的动物全躲在洞中，这与惊蛰节候对应，惊蛰时节是冬眠的动物虫子苏醒期。而霜降第三候这些生灵进入冬眠期。咸俯是垂头不动的样子，是蜇伏的虫子不动不食，伏下身来要冬眠了。

是的，歌唱了夏秋两个季节的鸣虫们就要冬眠了，想要再听它们的旷野奏鸣曲，只有待来年的夏日——自然界的动植物就是如此守时，它们总是依照时序规律地生存。"五月斯螽动股，六月莎鸡振羽。七月在野，八月在宇，九月在户，十月蟋蟀入我床下"。《豳风·七月》里的这一段，用蚂蚱、纺织娘等昆虫的鸣叫和蟋蟀的避寒迁徙，非常形象地表现了季节变迁的过程。这几句没有一个"寒"字，但却让我们感受到天气在一天天地变冷，以至严冬将至。

鸣虫是天然的音乐大师，它们的乐器是与生俱来的。在音乐未诞生前，世上最美妙的动静，竟是从虫肚子里发出的。小小软腹，竟藏得下一把乐器。难怪有人为听这一声自然虫鸣，要费尽周折精心喂养。我的两位朋友便有此好，常常在夏天逮来蝈蝈、蟋蟀侍弄喂养，乐此不疲——想想吧，严冬时节，大雪飘零、风号凛冽，而斗室旮旯里，清越之声蓦起，恍若移步瓜棚豆架……几尾草虫、半盏泥盆、一串葫芦，便听得天籁之声，何乐而不为。

曾经，我对遛鸟玩虫十分不屑，总认为那是不务正业玩物丧志。岂不知虫鸣的意义在于醒耳，耳醒则心苏啊！

深秋来临，严冬将至，大自然的虫鸣合唱戛然而止。那些"歌唱家们"去哪里了？"十月蟋蟀入我床下"——如果你住的是乡间的四合院，或许会在这个深秋的夜晚，还能听到如丝的"瞿瞿"声，怯怯的、弱弱的。哦，那是蟋蟀，它何时钻入床下的呢？

原来天气真的寒凉了！

从《诗经》以来的描述，你能感觉到，古人不仅崇拜光阴，更擅以自然微象提醒时序，每一时节都有各自的风物标志。

"青女司晨，霜雁衔芦"。青女，传说中掌管霜雪的女神。《淮南子·天文训》说："至秋三月，地气不藏，乃收其杀，百虫蛰伏，静居闭户，青女乃出，以降雪霜。"青女一出，萧瑟和冷落紧随而至。霜天万里，寒烟寥廓，人的心境也倍加凄清。唐人张继"月落乌啼霜满天"的愁寂难眠,还有戏词中"晓来谁染霜林醉"的离人伤感,都令这暮秋天气"好生恼人也"。

"无边落木萧萧下",深秋本就是气肃时节,与此对应的活动也多与征伐有关。古时,跟"豺祭兽"十分类似的,是在霜降这一天,国家将举行盛大的阅兵仪式,祭奠旗纛之神。纛是用鸟羽或者牛尾装饰的大旗。《太白阴经》上说:"大将中营建纛。天子六军,故用六纛。"旗纛是军魂,是主帅的象征。

这时节,庄稼收获归仓,大军有了粮草。操演兵阵,驭马征战,自是情理之中。遥想一下古代的某个霜降之日,一声炮响之后,一队一队的士兵,盔甲锃亮,旗帜鲜明,穿街而过,直奔演武厅祭旗纛之神。祭品是整猪整羊,十分丰盛。祭祀时,主祭人要宣读祝文,祈祷旗神指引军士,勇猛前进,旗开得胜。祝词宣读完毕,行军礼,然后阅兵。

阅兵除了能看到变幻莫测的阵势外,还能看到惊险刺激的马术表演。骑兵们往来驰骋,在马背上做出各种令人咋舌的花样。古人大多选择在秋天讨伐敌寇,阅兵往往就是战前的操练,操演完毕,就直奔战场。

古代秋天讨伐敌寇的行动,也渐渐演绎了民间的一个风俗,就是霜降前一天的晚上,人们会在枕头旁边,放几粒剥好的栗子,等到第二天凌晨一声炮响,立即取而食之。"栗"谐音"力",据说此时吃了栗子,就会变得更加有力。在尚武的冷兵器时代,几颗小小的栗子寄托了人们怎样的祈愿啊!

人们用这样一个枕戈待旦,又蓄势待发的风俗,凝重地打发了秋天最后一个节气。

国家有国家的行为，而普通老百姓则有自己固守不变的风俗习惯。比如霜降节气中的祭祖节——寒衣节。

"十月一，烧寒衣"。有关寒衣节的起源，一说与孟姜女哭长城有关，一说与造纸术的发明人蔡伦的哥嫂促销纸张有关，这些无须追究。千百年来，十月一祭祖送寒衣早已成为代代相沿的风俗。

每年农历十月初一民间的祭祖节，也称之为"十月朝"。祭祀祖先有家祭和墓祭，祭祀时除了食物、香烛、纸钱等一般供物外，还有一种不可缺少的供物冥衣。祭祀时，把冥衣焚化给祖先，叫作"送寒衣"。

近年来，随着人们环保意识的增强，文明祭祀早已深入人心。"送寒衣"的习俗已经有所改变，人们会在十月初一以一捧最应时的菊花来祭祀，用鲜花寄托对逝去亲人的怀念，承载一份生者对逝者的悲悯之情。

气候逐渐寒冷的十月间，地里的庄稼、瓜果差不多都已拾掇干净，剩下的大葱和萝卜也等待从地里起获。此时，唯有满树的柿子还挂在树梢，在蓝天的映衬下如一盏盏红灯笼，点亮了整个旷野。

农谚说："八月核桃九月梨，十月柿子红了皮。"是的，霜打柿子红，也只有被霜过的柿子才甘甜如饴。记起插队时，每到霜降时节，地里的秋庄稼做最后的扫尾，干活累了就会手脚麻利地爬到柿树上，小心翼翼地从树梢上摘几个被阳光晒软的柿子，看着柿皮表面被霜过的一层薄薄的、灰灰的晕光，早已忍耐不住，只需张嘴一吸溜，一股甘甜直入心底。那种原汁原味的甜，是现在超市里和水果摊上的柿子永远无法相比的。有时树上找不到软柿子吃，就会找"方柿子"、"满滴红"品种摘些下来，在地堰边拨拉点庄稼秆当柴火，掏出怀里的"取灯儿（火柴）"点着烧柿子吃。烧柿子也有技巧，柿子在火堆里烧得焦黄，裂开的柿皮间会流出一些泡沫汁，这些泡沫汁就是柿子的涩液，要烧烤得没有了泡沫汁，柿子才好吃。这时从火堆中拨拉出焦黄的冒着热气的柿子，甘甜中又有火烤的香气，这些野炊食物真是贫困年代的难忘美味。

有的年景，柿子结得稠，生产队为犒劳社员们，会安排人摘些柿子回来渥柿子。小山村的大庙院里有几口大缸，摘回的柿子全部码进缸中，再添水淹过柿子加盖后点火。渥柿子要保持缸内恒温，水温高了，柿子发软不脆不好吃，水温低了柿子发涩不能吃。因此，渥柿子"把式"要守在缸边，不停地用手试水温，并根据水温增减缸底火候。如此这般，一个"对时"也就是二十四小时后便可食用了。柿子渥好后，每人能分十个八个吃，此刻的热闹，就如山村的一个小小节日。

柿子真是好东西。成个的硬柿子可以用旋刀旋下柿皮，晒成"柿老汉"，几经翻晒、捂霜、透风，就会生出雪白的柿霜，再用手捏扁就成了柿饼，等级好的可卖个高价钱用来补贴生活；半软的柿子则一掰两半，晒成"柿疙瘩"，可随时充饥；柿皮也要晒干作"零嘴"；而稀软的柿子还可和上谷糠或玉米面，晒干炒过再碾成面，就是"柿糠炒面"……那年月，这些吃食能顶粮食，使穷苦的乡亲们熬过一个冬春。

现在，生活条件好了，人们不再跟柿子如此"折腾"。但与柿子相关的习俗却相沿传承。俗话说："霜降吃了柿，不会流鼻涕。"这时节吃柿子不但能御寒保暖，还能补益筋骨，增强体质，防止感冒。过去普通人家在霜降这天都会买一些苹果和柿子来吃，寓意事事平安。而商家则买栗子和柿子来食用，意味着利市。这些民俗都包含着人们对美好生活的向往。

时光流转，节候绵长。深秋，绵绵的秋雨之后总是能一扫阴霾，雨后的清晨也格外清新，鼻息间一股干净的空气，能一下子沁进胸腔。垂眼一看，满地便是翩翩飘落层层叠叠的银杏叶，令这个清冷的时节浸染了诗意。

在这一刻，便能感受到自然之灵的美，容颜虽改却不夹杂一丝的忧伤。是的，学学那些洒脱飘零的树叶，带着春天的烂漫、夏天的热烈和成长的脉络，从容地回归大地。此刻，我们当以一颗安然恬淡之心来告别这个秋天。

曹洪书

秋晚登楼望南江入始兴郡路　张九龄（唐）

潦收沙衍出，霜降天宇晶。伏槛一长眺，津途多远情。
思来江山外，望尽烟云生。滔滔不自辨，役役且何成。
我来飒衰鬓，孰云飘华缨。枥马苦踡跼，笼禽念遐征。
岁阴向晼晚，日夕空屏营。物生贵得性，身累由近名。
内顾觉今是，追叹何时平。

冬

冬雪雪至寒寒
立小大冬小大

冬信传递·立 冬

夜雨潇潇下，天明便立冬。

当我们还没有从缤纷的秋景中回过神来时，一场深秋的凉雨便在夜间悄然而至。寒冷让人在猝不及防间顿时惊觉：时令已经走过秋季，冬天的第一个信使已悄悄地站到门外。

这个信使就是"立冬"，它提醒人们，冬天已经来到了。

时间可真快，不知不觉，一个四季的轮回接近了尾声。冬季的大幕正徐徐开启。"立冬之日，水始冰，地始冻"。《吕氏春秋》这样解释："立，建始也。"表示冬季自此开始。《月令七十二候集解》中说："冬，终也，物终而皆收藏也。"此时节，不仅各种作物俱已收获，且已晒好贮藏。依节候生息，顺天时变化，人依止于天地节奏，当懂得冬寒时节的葆养存蓄，以待来春。

立冬节气，一般落在公历每年的 11 月 7—8 日，这时太阳到达黄经 225°。2016 年立冬交节时刻是公历 11 月 7 日，农历十月初八 7 时 47 分。

一年四季中，冬是最后一个季节。立冬，则是冬天的开头，是冬季六个节气之首。冬天，分为孟冬、仲冬、季冬，即农历的十月为孟冬，十一月为仲冬，十二月为季冬，统称为三冬。三个月九十天，故又称为"九冬"。较之春的温煦，夏的炎热，秋的凉爽，冬给人的突出感觉就是严寒。因此，人们又习惯地称呼冬为严冬或寒冬。

初冬时节，气温愈来愈低，比深秋更冷一些，这在黄河流域表现得十分明显。本来么，二十四节气就是古人按黄河流域的气候规律制定的。这时节，偶有薄冰出现，阔叶树的叶子，多已凋零，但总有几片挂在枝条上，不愿落下，寒风吹来，在枝头飒飒作响，到让人生出一丝莫名的感怀。正是"梧桐真不甘衰谢，数叶迎风尚有声"。

年年此时节，走向萧瑟的大地总有一片新绿，给人以生机和希望，那是大田的冬麦苗，一面生长一面盘墩；而金灿灿的玉米码堆砌垛，各种秋粮也已入仓；那些老牛和山羊则在稀疏的山林间急急地啃食着最后的饱含阳光味道的干树叶和枯黄的草叶……年年岁岁，这般景象似乎依然是千年前的模样。《诗经·豳风·七月》中曾这样描述："八月其获，十月陨萚。""十月纳禾稼。"风吹树叶飘零，庄稼晒好收仓。两千多年来，人世沧桑，风云迭起，或疾风骤雨般突变，或和风细雨般演进。而天地气候，以及生命系于气候的草木昆虫和整个大自然，却变化寥寥。真是"人生易老天难老"啊！

写到这里，不由地令人感叹：自然的变化何其缓慢，而人生的变化又何其迅速也！

古人将立冬分为三候："一候水始冰；二候地始冻；三候雉入大水为蜃。"《礼记》《吕氏春秋》都有关于立冬三候的记载，说：秋分四十六日立冬。一候五日水始冰：立冬之日，水始冰。冰寒于水，所以是水与冻的结合，冬寒水结，是为伏阴。孟冬始冰，仲冬冰壮，季冬冰盛；二候五日地始冻：立冬之后五日，地始冻。冰壮曰"冻"，地冻为凝结，正如韩愈诗云："霭霭野浮阳，晖晖水披冻。"三候五日雉入大水为蜃，雉即野鸡一类的大鸟，蜃为大蛤。立冬后，野鸡一类的大鸟便不多见了，而海边却可以看到外壳与野鸡的线条及颜色相似的大蛤。所以古人认为雉到立冬后便变成大蛤了。此说法与寒露节气的"雀入大水为蛤"相对应，"蜃"是水中巨大的蚌类，古人认为，海市蜃楼便是蜃吐气而成。

你瞧，古人的精神世界多么的天真而又广阔！这些丰富的想象在今天看来毫无道理，但无理而妙。我情愿依着古人这种妙趣横生的精神空间，在二十四节气里复制几分浪漫的联想。

在二十四节气中，立春、立夏、立秋和立冬合称"四立"，分别表示四季之始，在古代都是重要的节日。

古时立冬日，天子有出郊迎冬之礼。《吕氏春秋·孟冬》载："是月也，以立冬。先立冬三日，太史谒之天子，曰：'某日立冬，盛德在水。'天子乃斋。立冬之日，天子亲率三公九卿大夫以迎冬于北郊。"迎冬回来，天子要赏赐为社稷而捐躯者的子孙，还要抚恤孤寡。

迎冬祭祀时，天子要穿黑的衣服，骑铁色的马，带文武百官去北郊迎祭冬神。冬神名叫禺强，字玄冥。《山海经》上说他住在北海的一个岛上，其长相比较怪异：人面鸟身，耳上挂着两条青蛇，脚踩两条会飞的红蛇。当他出行时便会带来狂风暴雨，飞沙走石。禺强作为冬神，辅佐黑帝颛顼管理北方的天空。颛顼是五帝之一，号高阳氏，是水德之帝，其德专一而静正，故冬才得以闭藏。

祭祀冬神的场面十分宏大。《史记·乐书》上记载："使僮男僮女七十人俱歌。春歌《青阳》，夏歌《朱明》，秋歌《西皞》，冬歌《玄冥》。"是说汉朝时立冬日要有七十个童男童女在一起唱《玄冥》之歌："玄冥陵阴，蛰虫盖藏……籍敛之时，掩收嘉谷。"意思是说，天冷了，要收藏好粮食。秋收冬藏。这是多么隆重的仪式。

古往今来，与皇家宏大的祭祀场面相对应的，是民间传统节日下元节祭祀的风俗。

农历十月十五为下元节，也称"下元日"、"下元"。这一传统节日来源于道教。道家有天、地、水三官的说法，天官赐福，地官赦罪，水官解厄。三官的诞生日分别是农历的正月十五、七月十五和十月十五，这三天也就是"上元节""中元节"和"下元节"，即所谓的"三元"。三官大帝是早期道教尊奉的三位天神。另外还有一种说法，说天官为唐尧，地官为虞舜，水官为大禹。"三元节"就是给三位上古圣君过生日。上元节即元宵节，至今仍是各地民间最大的传统节日，猜灯谜、放烟花、踩高跷、跑旱船等活动已成为全国性的习俗并广受人们喜爱。七月十五的中元节即民间俗称的"鬼节"，祭先祖、放河灯等习俗也一直沿续至今。这两个节日在千年的文化传承中依然生生不息。然而，和上元节、中元节并列的下元节，如今却很少有人知道了。

十月十五"下元节"来源于水官解厄的说法。《中华风俗志》记载："十月望为下元节，俗传水官解厄之辰，亦有持斋诵经者。"传说在这一天，水官会为人间解除水厄之灾。后来，经过长期的演变，下元节的习俗逐渐变为修斋设醮，祭祀祖先，祈愿神灵，与中元节意思相近。民国以后，此俗渐废，惟民间将祭亡等仪式提前到农历七月十五"中元节"时一并举行。

不过，民间一些地方，还有工匠祭炉神的习俗。炉神就是太上老君，大概源于道教用炉炼丹。工匠们有此祭祀，许是看重水官大帝"除困解厄"的神通吧。

在文化传承中，一些习俗在非常实际的日常生活中，此长彼消、逐渐演变实属正常。而根据节令安排农事、安顿生活却是人们一个依序不变的生活日常。

按传统文化"春生、夏长、秋敛、冬藏"的说法，一入立冬，万物都开始了收敛后的闭藏，无论是阴阳二气的变化，还是动植物的生长活动、农业生产过程和人们的日常生活，都遵循这一规律。立冬后，大自然草木凋零，虫兽冬眠，万物活动趋向休止。在过去的农耕社会，农人在立冬收储粮食之后，就开始了"猫冬"，不再从事田野作业，这其实也是一种"冬眠"。当然，现代社会的生产、生活有了极大的改变，不可能再如古时那样"猫冬"，但也要遵循大自然的节律，在居住、穿衣上要注意保暖，在养生上，要多吃一些温热补益的食物，少食生冷，以便御寒。

俗话说："冬天进补，春天打虎。""补"是冬季食俗一大特点。

说到冬季食物养生，现在的电视节目上比比皆是，那些养生专家在电视节目上侃侃而谈各抒己见，各种说法令人眼花缭乱，莫辨虚实。不过，以传统的规矩，北方立冬日讲究吃饺子，却是不争的事实。饺子来源于"交子之时"，过年是两岁相交，立冬是秋冬之交，所以交子之时的饺子不能不吃。

其实，吃饺子无非是辛苦一年的人们找个机会敬畏一下神灵顺便犒劳一下自己。所以，这时吃饺子人们会格外用心。饺子面要白且有韧性。和面要细细地揉好，搓成面团切成均匀的小块，再用擀面杖擀成薄薄的、圆圆的饺子皮。饺子馅也是十分讲究的。白菜要切得碎，肉要剁成肉泥。饺子下锅要三滚。等一个个露出透明的颜色了，在沸水的面上翻滚，就要立即用笊篱捞出来。老辈人讲究笊篱要竹子编的，不能用铁丝的，否则会伤了饺子的香味。捞出的饺子要先敬土地神，感谢他在秋天里慷慨的给予。

土地公公和土地娘娘就住在村头的小庙里。庙可实在小得厉害，高不过三尺。传说，土地公公向玉帝询问："我的庙能盖多高？"玉帝说："箭射多高，就盖多高。"土地公公有点贪心，把弓弦拉得太狠，结果断了，箭没射出去就落了下来。于是，只好住这么一个小庙。

所以，端着饺子到土地庙祭祀时，寓意着这样一个道理：人不可贪心。

旧时人们立冬日吃顿饺子都充满着仪式感，更包涵着敬畏天地的人生哲理。

如今，立冬时虽然还吃饺子，但大自然曾经给予我们祖先的那种神秘敬畏之感，早已演变成今天民间的一个庸常日子。立冬，已从一个隆重的节日演化为一个再普通不过的节气。

民间谚语说："立冬补冬，补嘴空。"这个时节，越来越兴盛的涮火锅就是冬季进补的美食之一。现在的火锅和食材五花八门，在过去，立冬的老规矩是吃涮羊肉。涮锅讲究铜锅炭火，汤底澄清，只需加入姜片、葱段等佐料。炭火烧得锅里清汤滚热，手拿筷子夹着红白相间、薄而不散的羊肉片，在汤里这么一涮，肉色一白就夹起在冷的麻酱料里那么一蘸，入口不柴不腻，酱香肉香合二为一。这才是地道的涮锅。

还有一种吃食，我们不能不提，那就是冬天家家离不了的大白菜。往前数不过十来年，一到立冬，大街小巷都在卖白菜，按过去的说法叫冬储大白菜。那时冬储白菜几乎全家出动，人们骑着人力三轮车或拉着平板车，一车车地买回家贮藏好，从冬一直吃到青黄不接的开春。那时候没有温室大棚，冬季的蔬菜只有白菜萝卜土豆，这些都是"看家菜"。难怪老辈人会常常念叨："萝卜白菜保平安"、"十月萝卜小人参"、"冬吃萝卜夏吃姜，不劳医生开药方。"过去，家家都要挖个地窖，用来贮藏这些既果腹又保健的菜蔬。

计划经济时代，长治城区管辖有好几个菜场，专门种植各季蔬菜供应市区，市里还专门设有蔬菜公司，每年的冬储大白菜是政府相关部门自上而下的一件大事。有一年深秋，大白菜还未及收获，天气突变，一场大雪把白菜全部冻到地里，菜农损失很大。为此，报社安排我和同事刘建林一起深入采访，我俩骑着自行车冒着寒冷东西南北几个菜场跑个遍，从菜农、市民、政府、市场等不同角度入手写出"大白菜挨冻引出的话题"系列报道，社会反响较大。紧接着，政府出面组织市民购买"爱心菜"，菜农也因此将损失降到最低。此后，政府围绕新兴的市场经济出台了相关调控政策，保护了菜农的利益。一晃二十多年过去，菜场早已改名叫作农工商公司，菜农也几乎不再以种菜为生，紧邻市郊的菜地大都被用做地产开发，高楼大厦似乎在一夜之间从原先的大片菜地中"生长"起来，成为名堂各异的住宅小区。而那些最原始的劳动场景和由此带来的收获喜悦却仿佛离我们越来越远。

的确，随着农业科技的不断进步，现在各色鲜菜四季均有，渐行渐远的不止冬储大白菜的热闹景象，人们对丰收的期待也几乎不复存在。是啊，原本在秋天才能成熟的果实，如今在别的季节随处可见，秋天的意义已经被平均到了其他季节的每一个日子里——秋天也就不再让人们激动。

还是让我们沿着历史长河溯流而上，找回古人们在这个季节里即使面对一棵大白菜也表现出的愉悦之情吧。

"秋收冬藏"是祖祖辈辈沿袭遵循的一道民俗风景。史书上说，秋菜冬贮起源于周代。有《周礼》记载："仲秋之月，命有司趣民收敛，务蓄菜。"

清时有竹枝词说："几日清霜降，寒畦摘晚菘。"这里说的晚菘，指的就是大白菜。白菜古时称"菘"。《六书故》载："菘，息躬切，冬菜也。其茎叶中白，因谓之白菜。"古人形容菜之美者，称"春初早韭，秋末晚菘"，是把这种家常菜美化成诗的文人的书写。的确，历史上这种普通的家常菜跟文人一接触，便立即成为美食佳肴，成就一段传世佳话——

唐元和元年（公元 806）后，韩愈因避谤毁，求为分司东都，移官洛阳，又因"日与宦者为敌"，降职河南（洛阳）县令；其间，孟郊、卢仝等人居于洛阳，与韩愈联合形成"韩孟诗派"。

有一年冬天，大雪飘飘，孟郊、卢仝来访，韩愈把储藏的白菜细细切丝加汤慢炖，满满一碗好像烩银丝，配上屋外新挖出的冬笋。众人品菘尝笋，煮酒论诗。韩昌黎不禁诗兴大发："晚菘细切肥牛肚，新笋初尝嫩马蹄。"诗人赞美白菜赛过牛肚，冬笋胜过嫩马蹄的味道，席间众人也有诗唱和。

古人把菘菜当作一种美味，经常写诗赞之。诗词大家、美食大家苏东坡也有诗赞曰："白菘似羔豚，冒土出熊蟠。"这位屡遭落难、安贫乐道的乐天派竟把大白菜比作羊羔和熊掌。

古人的生活意趣随处可见，因了一棵极其普通的白菜而引发诗兴，这样的情形真是不胜其美。

立冬之后，农事渐少。可是农人总是闲不住，翻耕土地、运送肥料，麦田管理。所以农谚说："立冬前犁金，立冬后犁银，立春后犁铁。"说的是应该早早深翻土地，因为"冬天耕地好处多，除虫晒垡蓄雨雪"，冬耕就是为了增加土壤的透气性，以提高其蓄水保墒能力。如果立冬前后雨雪很充沛，就非常有利于农作物越冬，农谚有"重阳无雨看立冬，立冬无雨一场空"、"立冬麦盖三层被，来年枕着馒头睡"。年年此时节，农人们都盼望有一场雨雪飘然而至。

立冬时节，田野里唯一能吃的可能就剩下树上密匝匝的小软枣。这种与柿子同科的果实，在霜冻后更加甘甜。"立秋摘花椒，白露打核桃，霜降卸柿子，立冬打软枣"，立冬前后田野疏朗，大地干净，只有地里齐垄的绿色冬麦苗和树中密匝匝的金黄小软枣装点着整个田野，正是：田中麦苗如绿毡，树冠软枣赛金灯。

待立冬后把树上的软枣拾掇完，冬天就真的降临了。

我想起插队第二年那个秋冬交替时节，秋罢卸完柿子打完软枣后，生产队长派我去看羊。就是这一次看羊活计，让我经历了一场惊心动魄的场面，见识了狼这种既凶残又智慧的动物。

那些日子，我与放羊汉每天晚上就住在羊圈的窑洞里。一天晚上，不知怎样狼就偷偷弄开了羊圈东侧的马筋条栅栏，叼走了一只羊。待我们发现后，就慌忙穿起衣服往黑黢黢山道上追去。在大南沟沟口拐弯的地方，我们终于追上了前面跑着的一团黑影。我害怕得不行，紧紧跟在放羊汉身后，待近前恍惚看清眼前这一幕时，我不禁大为惊骇：只见狼嘴卡住羊脖子，狼尾巴像一根粗鞭子一般不停地抽打着羊屁股，羊顺着狼要去的方向一溜跟着小跑……此前，我一直不清楚狼是如何叼走羊的，这回我算是开眼了。

事情的结局是，我们经过一番搏斗从狼嘴里夺下了羊，但那只羊终因失血过多没救过来。

这活生生的惊恐场景令我终生难忘，多年后每想起这件事都未免心生寒战，一如这个寒风渐起的肃杀季节。我常常感慨：狼是何等聪明的动物啊！自然界微妙无穷，环环相扣，真是一物降一物！这些年，狼几乎绝迹，动物的食物链上少了一环，这恐怕不是什么好现象。我听有经验的村人说，没有了狼，狼上下的食物链可影响到五个物种，写到这里，我甚至有些怀念狼了！

自然界的物竞天择自有其道理，而与这个肃杀时节相映成趣的是天地的无限空旷，"极目楚天舒"。山河大地，像是用线条勾勒的，简洁、朴素、悠远，人仿佛一下子站到了一个高处，突然看到了世间的真相。庄子在《大宗师》里说道："於讴闻之玄冥，玄冥闻之参寥。"玄冥的意思是深远空寂。"玄冥之境"，是古人追求的一种自满自足、无有贪念的忘我境界。

　　古人把冬神称为"玄冥"，也许就是想用冬季的寒冷空寂来提醒自己，来于自然，归于自然，一切执著，皆是虚妄。在这个冬天来临的时候，我们是不是也学学古人，静下心来，围炉读书，在葆养身心的同时，让自己进入一种"玄冥之境"呢！

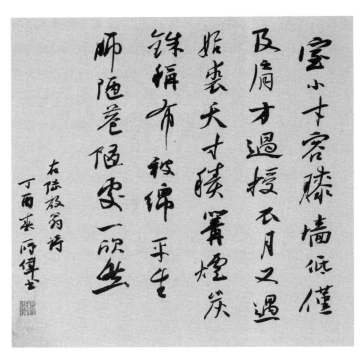

李雁伟书

立冬日作 陆游（宋）

室小才容膝，墙低仅及肩。方过授衣月，又遇始裘天。

寸积篝炉炭，铢称布被绵。平生师陋巷，随处一欣然。

初雪飘飞·小 雪

　　小雪交节前，连续的阴霾天，好像老天就使劲憋着，单等着交节时下场雨雪应时应景呢！

　　寒流袭来，天气晦暗，下雪的时节该到了。

　　自立冬以后，已有好几次来自北方的寒流，掠过天空，一扫我们头顶屡屡不散的雾霾，晴朗的蓝天下即使感到寒意阵阵，也惬意十分。寒流导致气温一降再降，终于降到了适于落雪的温度。有谚语说："小雪雪满天，来年必丰年。"小雪节令，如果这时节果真下雪，那可谓天行常道。若仿照诗圣杜甫《喜雨》的句子，便是：好"雪"知时节，当"冬"乃发生。

　　小雪和雨水、谷雨、寒露、霜降等节气一样，都是直接反映降水的节气。小雪一般落在公历 11 月 22—23 日，这时太阳黄经到达240°，2016 年小雪交节时刻是公历 11 月 22 日，农历十月二十三

5 时 22 分。

《月令七十二候集解》在说到小雪节气时这样解释："十月中，雨下而为寒气所薄，故凝而为雪。小者，未盛之辞。"这时由于冷空气频繁，温度日降，于是之前的降水就变成了雪，但此时节雪量还比较小，所以称"小雪"。

降雪量小，因地表温度尚高而地面上难存积雪，正是"小雪"这个节气名字的原本之意。按照古籍《群芳谱》一书的解释，"小雪"的意思是："小雪气寒而将雪矣，地寒未甚而雪未大也。"

的确，雪小而入地即化，几乎连雪泥也未曾有便了无踪影。然每逢初雪，依然令人欣喜不已。那些从天而降的如细线样的雪子，被古人称为"霰"，扑簌簌地落下，打在枝头残留的树叶上，悄然作响，给这个世界平添了多么美妙的自然之声。时而也有缓缓飘落的雪花，这样的初雪景象常被诗人们描写为"飞絮"。常常是"飞絮"未落地便化作雨水，使人难觅其踪。而辽阔的原野上也刚好微雪初透，空气清新凛冽，深吸一口沁人肺腑，令人神清气爽。

雪之美，来自其自身，来自它的形体、结构。据说有人统计过，雪花的形态有一万多种，但都保持着六角形的基本形态，无论是板状的，星状的，片状的，甚至是柱状的，都是六角，都如花朵，轻盈而洁白。雪花为何是六瓣？按中国传统文化阴阳五行象数的解释是：阴为六，冬为水。这是冬天盛阴的标识。待开春后，春花成五瓣，阴阳交午，变为五生万物。雪花的这种美，人们很早就注意到了。汉代的韩婴在其所著《韩诗外传》中，就写道："草木之花多五出，独雪花六出。"六出即六片花瓣。以后的许多诗文，都沿用"六出"

之说。北周的庾信有诗云："雪花开六出，冰珠映九光。"唐代的高骈则说："六出飞花入户时，坐看青竹变琼枝。"

古往今来，雪之美不知打动了多少人心，撩起了多少人的诗情，连许多不通诗律者也不免要哼上几句。很多年前，有一位名叫张打油的曾吟过这样一首咏雪诗："黄狗身上白，白狗身上肿。出门一呀喝，天下大一统。"此诗广为流传，成为人们茶余饭后开心的笑料。平心而论，此诗虽不雅，但如果除去粗俗，倒也道出了落雪覆盖一切的气势。的确，世间万物，无论是红黄黑白，也不论是美丑善恶，只要雪加以覆盖，一律洁白起来。

文人们情感细腻，对雪的歌咏与俗人大不相同。据《晋书·王凝之妻谢氏传》及《世说新语·言语》两书中，记载了这样一则故事：晋太傅谢安，在一个寒冷的日子，与后辈讲论文义，围炉叙话。窗外阴云厚积，天地似乎咫尺之遥。俄尔，雪花骤降。谢安环顾左右，手指飘然而下的雪花，捻须微笑："白雪纷纷何所似？"他的侄儿谢朗应声回答："散盐空中差可拟。"一旁的小侄女谢道韫冲哥哥一笑，接着说道："未若柳絮因风起。"

谢安思忖：侄女谢道韫年及十二，却有如此悟性，假以他日，必有大才也。遂大悦。于是，谢安逢人便夸侄女聪颖，谢道韫的才女之名竟不胫而走。时光穿越千年，曹雪芹看着笔下的林妹妹，思绪却飘至东晋，这天生丽质冰雪聪明的林黛玉不正如道韫之才么？于是提笔书曰：堪怜咏絮才。此后至今，"咏絮才"就成了才女的代名词。

柳絮轻飏，神形恰似初雪时的雪花。谢家长幼关于咏雪的这则遗闻，就这样成为千年文坛佳话，表现了女才子谢道韫杰出的诗歌才华、对事物细致的观察和灵活的想象力。对此，大文豪苏东坡亦曾评论说："柳絮才高不道盐。"其实，上面两说，固然有雅俗之分，但却都是对雪落情状细致入微的描写。

初雪虽小，但仍具有雪之品格、雪之美。无论是像柳絮一样盘旋的，还是如雪子一样滑落的，都是那般的皎洁，那般的轻盈。在这个忙碌而浮躁的时代，我们还有心情停下匆忙的脚步，如儿时那般充满好奇，望着天空飘落的初雪，在寒冷中接一片在手心，仔细端详雪精灵的形态和花瓣吗？我们还有吗？！

自然之美有许许多多，它时刻伴随我们左右，就在我们的日常生活中，但愿我们不要一再错过啊。

古人将小雪节气分为三候："一候虹藏不见；二候天气上升地气下降；三候闭塞而成冬。"初候五日说小雪之日"虹藏不见"，阴阳交才有虹，此时阴盛阳伏，雨水都凝成阴雪了，雨虹自然也就看不见了；二候是说后五日天空阳气上升，地下阴气下降，导致阴阳不交，天地不通，天地各正其位，故万物失去生机；三候五日"闭塞而成冬"，冬为藏，为终也。是说天地闭塞而转入严寒的冬天。小雪三候的情景在唐代诗人元稹的《咏廿四气诗·小雪十月中》描写得很明确：

莫怪虹无影，如今小雪时。阴阳依上下，寒暑喜分离。

满月光天汉，长风响树枝。横琴对渌醑，犹自敛愁眉。

诗的前两句即是说"虹藏不见"，三四句指"天气上升地气下降"，由于阳气上升，阴气下降，导致天地闭塞不通，所以到三候万物失去生机而进入冬天。

所谓"小雪十月中"，即小雪为"十月中气"，是农历十月的标志。十月是冬季的第一个月，又叫"孟冬"。冬天是闭藏的季节，按《周易》中易卦的解释，十月为"坤"，是个全阴的月份。但我们的传统文化总是辩证地对应任何事物，并不孤立看待这个"全阴"的十月。所以古人认为，十月虽然全是阴，但暗含一点纯阳，所以反称十月为"阳月"。

从十月的实际气候来说，由于夏秋贮存的地热还尚未散尽，虽然气温逐日下降，但地表一般还不会特别冷，在晴朗无风之时，甚至还会出现温暖舒适的天气，所以民间有"十月小阳春，无风暖融融"的谚语。

宋代诗人戴复古有《海棠》诗，就写出了这一情景："十月园林不雨霜，朝曦赫赫似秋阳。夜来听得游人语，不见梅花见海棠。"当然，诗人描写的是南方的十月，而辽阔的北方大地除了偶见的绿树外，天地自此逐渐进入封冻模式。

农谚称"小雪封地，大雪封河"，一到小雪，乡间已经没有什么田野农事了，顶多做一些蔬菜贮藏、副业生产等活动。过去的乡村，每到入冬农闲时节，庄稼人会趁闲修农具、编笆条、编炕席等等。有的还结伴上山砍马筋条，回来编篓。庄稼人本就节俭，能自己动手做的就不花钱，再说那年月也没钱。这些年机械化程度越来越高了，传统耕作早已难得一见。只有在一些偏远的大山里，乡亲们恐怕还会沿袭传统，也还会自己动手做各种农具。

所以，说是农闲时节，可日子哪能闲下来呢！

我记得当年插队时，这时节大葱、萝卜起获完，地里的活计都拾掇干净后，日子就显得悠闲了，乡间俗语说："收罢秋，打罢场，庄户人成了自在王。"其实，说农闲是相对于春夏秋三季而言，有时农闲反而变为"农忙"——水渠清淤、打坝垫地，大搞农田基本建设……除此之外，生产队长还会安排上山砍马筋条、割黄花筒。

砍马筋条、割黄花筒是个累人的活，吃罢早饭，大家就随上干粮，带着磨好的镰刀、扁担和绳子要到很远的大山里。那时由于日子穷苦，乡亲们家家户户一年四季烧火做饭都靠柴火，所以近边处的山上早已光秃秃，不要说马筋条、黄花筒没有，几乎所有能烧火做饭的柴草都被割光了。所以砍马筋条、割黄花筒时要翻好几座大山。割黄花筒相对省力，而砍马筋条就费劲了。马筋条高约丈许，一寸粗细，浑身长刺，叶片小而圆，结有类似皂角的豆荚，嫩时其豆子可食用。这玩意儿手不好拿，棵丛浓密又不好下镰刀。我那时年龄小个子矮，砍不了几根手上就被扎得鲜血淋淋，冷风一吹生疼无比。有一次我左手握紧马筋条用力压弯夹在胳肢窝，右手挥动镰刀朝马筋条根部用力猛砍，谁想由于用力过猛，砍断马筋条的同时镰刀随着惯性又砍在左脚脖子上，登时脚脖子就像小孩的嘴唇一般裂开，鲜血一下就涌了出来……

马筋条砍回来后，要在火上熏烤，待烤得有了韧性不易折断时，庄稼把式就趁热开始编耢。一个六尺长、两尺宽的耢要用去小百把根马筋条，然后用木框将两边封住固定，一个崭新的耢就编成了。

等到开春准备播种时，耢就派上了用场。套上牲口人立在耙或耢上，攥紧左右缰绳吆喝牲口先耙地后耢地，耙耢结合。说到这里，没有农村生活经历的人依然不知其用途。我不妨用书面语解释几句，耢地是山区旱区在耙地后进行的土地作业，其作用是拖擦土地表面，使之形成干土覆盖层，以减少土壤表面蒸发及平地、碎土、轻度镇压等作用。简单说，就是镇压保墒，平整土地。

而割回来的黄花筒则是为编笆，编笆是为了盖房子用。过去乡间修房盖屋大都就地取材，编好的笆很大，长宽各以几间房来确定。盖房时等大梁、檩条和椽子都固定好后，就将整个的编笆铺在房坡上，抹上一层麦秸泥，最后一垄垄地铺上瓦，一座新房就成了。编笆结实耐久，不宜虫蛀，家家都要用到。黄花筒是乡亲们的叫法，其实它的学名人人都知道：就是中药连翘的杆枝。因为满枝金黄，艳丽可爱的连翘花开在漫山遍野的料峭早春，乡亲们就称其为黄花筒。

这些年，已没有人再割黄花筒了：一来人们修房有了新的建材代替，不用编笆了；二来人们已不用烧柴火做饭，冬季政府给百姓有煤炭取暖福利，也不用再砍柴做饭烧暖炕。所以，漫山遍野的连翘花也就开得愈发旺盛。谁都知道，连翘是治感冒的中药材，乡亲们会在夏、秋甚至冬天上山采连翘。夏天采的叫青翘，秋罢和冬天采的叫连翘，而且价格不菲，成为一个进项不小的家庭副业收入。

男人们闲不下来，勤快的家庭主妇们一到小雪时节更是忙活。"小雪腌菜，大雪腌肉"。腌菜和腌肉都是为了给漫长的冬季和春节作准备。小雪是制作腌菜的最佳时令，这个习俗古已有之。清人厉秀芳作《真州竹枝词引》中记载："小雪后，人家腌菜，曰'寒菜'……蓄以御冬。"

这时节家家户户开始腌制各种咸菜，腌咸菜可以说各地都有，非常广泛。因为古代没有冰箱，更没有反季节蔬菜，人们要想在冬天吃到青菜几乎是件不可能的事，所以就发明了腌菜。不同种类的咸菜，大多是就地取材，上党地区的物产同广大的北方一样，白菜、萝卜、芥菜、雪里红等皆可腌制。比如芥菜疙瘩，洗净切丝，晾干后加适量盐、芥末或辣椒等调味品在铁锅中翻炒，出锅后趁热闷在洗净晾干的坛罐内，几日后便可食用。其香辣爽口，味重提神，是冬日极好的佐餐小菜。这种做法在长治市黎城、平顺、潞城等地十分普遍，百姓们称为"辣菜"，黎城县甚至还将此腌菜作为一个品牌注册了商标，进入了超市。

还有过去家家都要腌萝卜缨、芥菜缨的酸菜。腌酸菜时要一只半人高的大缸。在缸里铺一层青菜，码一层盐，装满压实，再搬一块扁圆的大石头重重地压在上面。经过一段时间的自然发酵，酸菜就算腌好了，单等着过些时日启封食用。按我们此地的风味吃食，来一顿酸菜肉丝饸饹，那才叫一个鲜美。

每每看到如今包装精美的腌菜，当年那些腌菜时忙碌的场景犹在眼前。说实话，超市内品种繁多包装精美的腌菜比比皆是，但现代化制作的流水工艺和食品添加剂的使用，终究不如按传统古法腌制的口味纯正！

北方腌菜，南方的民间则有"冬腊风腌，蓄以御冬"的习俗。小雪时节，一些人家开始动手做腊肉，肉、鸡、鱼等均可入制，但以猪肉居多。袁枚在《随园食单》中记载："猪用最多，可称'广大教主'。宜古人有特豚馈食之礼。"腊肉就是腌制后风干或熏干的肉，由于便于冬季贮存，风味独特而广受人们喜爱。

　　传统加工制作腊肉是有讲究的，不似现在一些酒店饭馆端上来的"快餐腊肉"，食之无味，如同嚼蜡。加工制作腊肉的传统甚为久远，而且普遍。古时民间每逢冬腊月，即"小雪"至"立春"前，家家户户杀猪宰羊，除留够过年用的鲜肉外，其余乘鲜用食盐，配以一定比例的花椒、大茴、八角、桂皮、丁香等香料，腌入缸中。等一周或两周后，用棕叶绳索串挂起来，滴干水，进行加工制作。选用柏树枝、甘蔗皮、椿树皮或柴草火慢慢熏烤，然后挂起来用烟火慢慢熏干而成。或挂于烧柴火的灶头顶上，或吊于烧柴火的烤火炉上空，利用烟火慢慢熏干。这样制作出的腊肉吃起来香味浓郁、油而不腻，而且舌尖回味无穷。

　　最令我口齿间难忘的腊肉味道是多年前在川滇交界处泸沽湖畔摩梭人家里吃到的"猪膘肉"。猪膘肉是摩梭人的传统美食，其制作方法是将猪宰杀后，除去内脏及全身骨骼，再塞入食盐、花椒、大料等各种香料，然后完整地缝合起来，放置一荫凉处，猪肉便处于自然腌制状态，存放越久味道越鲜美。谁家的猪膘肉多，就意味着谁家富有。摩梭人的习俗是，只有贵客来了才能吃到猪膘肉，而我当时品尝到的猪膘肉已存放了八年。我清楚地记得与达西娜姆一家人喝着自家酿制的苏里玛酒，吃着猪膘肉，满口留香的唇齿间品尝的不只是猪膘肉，还有丰足的日子和经年的岁月味道。

　　一些味道，很脆弱，离开了便不再有。味道经不起跋山涉水，也经不起远走他乡，更经不起仿冒制作。只有在诞生那个味道的地方，你才能够地道地领略——这便是风味饮食的魅力。

可以说，天地自然物候节气不仅影响着人们的饮食习惯，它还影响着人们的衣食住行。随节候生活作息，早已渗入到日常生活的方方面面。民以食为天，天顺节气而变。这是千百年来人们与自然和谐相处的生活规律。

是啊，人生存于大自然的怀抱，在敬畏自然的同时，也会情不自禁地歌咏自然事物。翻翻古代的歌谣，便可体会到人与自然浑然一体的情感。雾、雨、露、霜、雪以及冰雹，人们无一例外地加以歌咏，而歌咏最多的，当数咏雪了。人们偏爱雪，赞美雪，大约就是因为雪纤尘不染，晶莹如玉，而且广被万物，无差无别。

如果小雪时节落一场雪，漫天飞舞的雪花合着这个诗意的节令一起降临人间，该有多么的美妙。因为，白雪不仅能清扫天空的阴霾，更能唤醒心中的诗情，感悟人间的美好。

果然啊，季候守节礼，小雪应时来！

就在这篇文章结尾时，飘舞的雪花果真应时而至，望着这个冬天的第一场初雪，顿感时光美好而圣洁，心情仿若回到了人生的初恋。

让我们依循着时光的脚步从容地走吧，在路过这个冬天时，也仿照古人那样，檐下负暄，煮酒读书，兴之所至，撩起厚厚的棉帘子，招呼一声："晚来天欲雪，能饮一杯无？"

許文林书

小雪　释善珍（宋）

云暗初成霰点微，旋闻薮薮洒窗扉。最愁南北犬惊吠，兼恐北风鸿退飞。
梦锦尚堪裁好句，鬓丝那可织寒衣。拥炉睡思难撑拄，起唤梅花为解围。

冰封地坼·大 雪

　　在我准备写"冰封地坼·大雪"这篇文章时，传来一个令人振奋的消息：2016 年 11 月 30 日，中国"二十四节气"被正式列入联合国教科文组织人类非物质文化遗产代表作名录。与其他非遗文化不同，二十四节气是关于时间的文化，是世界上唯一的时间认知体系，被誉为"中国的第五大发明"。这种人类最有诗意的历法，是我们的祖先认识自然、遵循自然规律的典范。今天以这种形式保护下来，得以让我们及我们的后代在时间的流动中触摸四季光阴，体察时序变幻，感受时光之美。懂得并且做到人与自然和谐相处，只有亲近自然、尊重自然、保护自然，我们的"节"才能祥和，我们的"气"才能顺畅。

　　是的，千百年来，二十四节气带着最美的时光气息，走进千家万户，融入生活日常，生生不息，代代相传，影响着我们每一个人的衣食住行。那些充满诗意的美好日子，那些时序交替的美妙时光，都在这四季岁月里替我们好好珍藏。

一年将尽，在二十四节气漫谈系列即将结束之际，听到这样的好消息，使得这个气温愈来愈低的冬日，恍若温暖起来。望着窗外的远山近树，广袤原野，冬日山河大地别样的静默之美令人沉醉。

这样美好的冬日时光，我们一起乘兴接着漫谈大雪节气罢。

世间传佳音，"大雪"悄然至。作为一个降水类节气，大雪是相对于小雪而言的，意味着降雪的可能性比小雪更大，而非降雪量一定就大。"大雪"节气，通常落在公历每年的 12 月 7—8 日，这时太阳到达黄经 255°。2016 年大雪交节时刻是公历 12 月 7 日，农历十一月初九 00 时 41 分。

大雪交节后，天气进一步变冷，《月令七十二候集解》说："大者，盛也，至此而雪盛也。"其实，比起小雪节气来，大雪节气不一定就下大雪。但只要下雪，就往往下得大、范围也广。

从多年的情况看，大雪节期间，地面常有积雪未化，而且此时节下雪时雪花也大了，纷纷扬扬飞舞，如鹅毛一般，煞是好看。唐代大诗人李白有诗说："燕山雪花大如席。"这虽是诗人的夸张之辞，却也显示了大雪的神韵。节气"大雪"和"小雪"意思自有不同。"小雪"的意思是，雪下得小，地面无积雪。"大雪"的意思，一是雪下得大，二是地面积雪不化。南北朝时的崔灵恩在其《三礼义宗》一书中作过这样的解释："大雪为节者，形于小雪为大雪。时雪转甚，故以大雪名节。"说得明白而确切。

"大雪"节的命名，在二十四节气中算是最晚的了。成书于战国前的《尚书·尧典》中，仅讲到四个节气："日中星鸟，以殷仲春；日永星火，以正仲夏；宵中星虚，以殷仲秋；日短星昴，以正仲冬。"所说"日中、日永、宵中、日短"是根据日月星辰的特殊方位和昼夜的变化依次命名的，也就是后来定名的春分、夏至、秋分、冬至，简称"二分二至"。春秋时期成书的《管子·轻重已》中，增加了"四立"：立春、立夏、立秋、立冬，一共有了八个节气。当时称这八个节气为"分、至、启、闭"："凡春秋分，冬夏至，立春立夏为启，立秋立冬为闭。"《左传·僖公五年》载："凡分、至、启、闭，必书云物，为备故也。"是说到这八个节气时，要记载风云物色，这大概便是节气活动的最早雏形。而成书于秦代的《吕氏春秋·十二纪》中，对节气的描述与规定，就较为详实了，有了二十二个节气，但尚无小满和大雪。再后来，到了西汉，淮南王刘安所著《淮南子·天文训》中，补充了大雪和小满。到这时，二十四节令才得以完备，所定之名也一直沿用至今。在此之前，节令之名未见一致。由此看来，大雪，虽然定名较晚，但也有两千多年了，而且一名定终身，未有改动。

古人将大雪节气分为三候："一候鹖鴠不鸣；二候虎始交；三候荔挺出。"是说大雪之日因天气寒冷，鹖鴠不再鸣叫了。鹖鴠是寒号虫，求旦之鸟，大雪时，此阳鸟感阴至极而不鸣，故有"夜之漫漫，鹖鴠不鸣"之说；后五日虎始交，是说老虎已经感知到微阳，开始交配了；再五日荔挺出，荔挺是一种小的蒲草，还有一说荔挺大约就是开春后常见的菖蒲苗。

这里我们不妨多说几句"鹖鴠不鸣"的典故。鹖鴠，民间称为"寒号鸟"。它其实不是鸟，而是一种啮齿动物，学名鼯鼠。它的前后肢之间有宽宽的皮膜，可以从高处向下轻快地滑翔。传说它一入冬就掉毛，在窝里冷得直哆嗦。写到这里，我想起小学课文中曾学过的寓言故事：说五台山上有一种奇特的鸟，叫寒号虫，长着四只脚，还生有肉翅，却不能飞。每当到了炎热的夏天，身上羽毛长得五彩缤纷，漂亮极了，于是，它就自鸣得意地唱道："凤凰不如我！"天气渐冷，喜鹊劝其赶紧垒巢，准备好过冬，寒号鸟却整天只顾玩耍。等到天寒地冻时节，其羽毛全部脱落，丑陋不堪。寒风吹来，冻得直打哆嗦。此时，它便无可奈何地鸣咽："哆罗罗，哆罗罗，寒风冻死我，明天就垒窝……"可天亮后依旧不做窝，而是敷衍地哀鸣："得过且过，得过且过……"

这则寓言至今记忆深刻。它告诫我们，凡事不可盲目乐观，更要未雨绸缪才是。

其实，这则寓言也是冤枉寒号鸟了。寒号鸟又名鼯鼠，像蝙蝠一样但比蝙蝠大许多，是一种会飞的鼠类。其粪便名为"五灵脂"，是珍贵的中药材。李时珍在《本草纲目》里介绍说，"寒号虫即鹖鴠"，"其屎名五灵脂"。五灵脂味甘、性温、无毒。可用于治疗心腹痛、小肠疝气、产后恶露、腰腹疼痛、小儿蛔虫病、月经不止等症，外用可治疗虫、蛇咬伤。

我曾目睹过一些采药人在悬崖绝壁上采挖五灵脂的情景。鼯鼠居住在悬崖上的缝隙中，其粪便五灵脂的采挖自然也非常不易。采挖五灵脂最少要两三个人配合。采挖时，他们要把几十丈盘起的井绳等一应工具先背上山顶，固定好位置后，其中一个人腰系比拇指还要粗的井绳飞身下崖，上边的人根据下崖人呼喊的号声长短，决定继续放绳或者停止。而下崖采药的人则在绝壁上飘来荡去，俨然就是杂技中的空中飞人，只是比舞台上的杂技空间更广阔，看着也更惊险刺激。在一声接一声类似猿啸的长长短短的呼喊中，采药人随身携带的口袋已经装满五灵脂，啸声中暗号对好，绝壁顶的人就会将采药人慢慢放下，等荡来荡去的采药人落地后，赶紧解开绳索，发一声长啸告诉上边的人安全落地，这时上边的人就会将绳索从山顶扔下，而下面采药人则飞快地跑到一边，唯恐从天而降的几十丈井绳砸到身上。要知道，砸到身上可能会要命的。

多少年过去，采挖五灵脂的这一幕至今历历在目，那一声声长啸也犹在耳畔。这情景就像电影的闪回镜头一般，挥之不去，仿若时光又回到了久远的从前。

而大雪节气最让我难忘的是逮麻雀。纷纷扬扬的大雪过后，在四下无人的雪地里扫出一块空地，在空地上支起一面筛子，筛子下面洒一把谷子，用一根细绳绑住支筛子的小木棍。然后就牵着绳子，远远地躲在树身或者房角后面，等麻雀受不了诱惑，叽叽喳喳试探着到筛子底吃谷粒了，就猛地一拉，罩住它。将逮着的麻雀拴一根细线在其脚上，这一头系在自己的衣服扣子上，带着麻雀在小伙伴面前炫耀。可麻雀是有秉性的，往往这时候它不吃不喝，着急乱飞。时间一长又怕它死掉，只好将它放飞。

时光倏忽便已经年，但过往的生活片段却将逝去的岁月场景装点得丰富而美妙，任何时候想起便觉回味无穷。

大雪时节，天清地静，山河肃穆，四下雪花自顾地漫天飞舞。这该是多么的诗意！

就如古人那般，将一个个雪花飞舞的瞬间用诗词记录下来，成为历史长河中最为动人的诗意生活。

古人咏雪之诗词不胜其数，而唯独柳宗元的《江雪》一诗令人难忘："千山鸟飞绝，万径人踪灭。孤舟蓑笠翁，独钓寒江雪。"诗中所写的景物是：座座山峰，看不见飞鸟的形影，条条小路，也都没有人们的足迹。整个大地覆盖着茫茫白雪，一个穿着蓑衣、戴着笠帽的老渔翁，乘着一叶孤舟，在寒江上独自垂钓。看，这是一幅多么生动的寒江独钓图啊！

"独钓寒江雪"、"风雪夜归人"、"大雪满弓刀"，在文人看来，这漫天飞舞的，是诗情与诗意。大雪对于文人，有着特别的意义。他们用"冰雪"来形容女子的聪明，用"冰魂雪魄"来表示一个人品质的高尚。南朝刘义庆《世说新语》中记载了这样一则故事：东晋的王徽之，大雪之夜乘一条小船去访戴安道，天明将至戴家时，忽又吩咐掉头返回。船家甚觉奇怪，王徽之则说："乘兴而来，兴尽而返，何必见戴。"王徽之是大书法家王羲之的儿子，有其父必有其子，其任性放达的性情体现了自由自在不拘小节的赏雪之风度。而更让人难忘的是明人张岱在回忆录《陶庵梦忆》中的一篇叙事小品《湖心亭看雪》，表现了自己的赏雪之痴情："大雪三日，西湖中人鸟俱绝。"张岱乘舟去湖心亭赏雪，到亭上，竟遇到两位金陵客人正对坐饮酒。见到张岱大喜，遂拉其同饮。而整日为柴米油盐操心的船家哪有这般闲情逸致，于是摇头喃喃曰："莫说相公痴，更有痴似相公者。"这种孤独者与天地感通的情怀，与柳宗元"独钓寒江雪"的情形竟无二致。古人用旷达和幽静共同酿制了大雪时节一种近乎纯美的意境，令人浮想联翩。

大雪时节虽然肃穆静美，但并不仅仅有任性放达的赏雪怡情，还有着"孙康映雪"的励志故事。《初学记》卷二引《宋齐语》载："孙康家贫，常映雪读书，清淡，交游不杂。"是说晋朝时候，一个叫孙康的人，非常好学。他家里很穷买不起灯油，夜晚不能读书，他就想尽办法刻苦地学习。冬天夜里，他常常不顾天寒地冻，在户外借着白雪的光亮读书。经过刻苦努力最终成为饱学之士。这样的故事往往是旧时大雪时节一家人围炉夜话的永远主题。大人们考虑到孩子以后的出息，总会跟孩子讲"孙康映雪"的故事。而好奇的孩子们也会在堆雪人、打雪仗之后，在窗前堆一堆雪，利用雪夜的月光，试试可否看清课本上的文字。这种冬夜里无数次的尝试就成为人生童年时最美妙的难忘记忆。"书中自有千钟粟"。大雪，让人们对美好的未来有着无限的向往和深切的期待。

　　而对于农家来说，大雪另有一番意义。忙了一年，终于可以收起农具，歇上一阵子了。下雪了，就好了，越大越好。"瑞雪兆丰年"嘛。节气农谚是对千百年农业经验的总结，最多的是表述冬雪对收成的好处："大雪纷纷落，明年吃馍馍。""积雪如积粮。""麦盖三层被，头枕馍馍睡。""雪多下，麦不差。""雪盖山头一半，麦子多打一石。"你听听，这些农谚跟日子、生活紧密相连，即使在雪花飞舞的寒冬也能感受到小麦收割的喜悦和日子的富足，这是多么有意思的谚语。而当下，农人们会在这些谚语中由田野退回到房舍，严实门窗，风雪吹不进。生起火炉，沏上酽茶，一家老小，围炉闲话，说天道地，谈古论今，尽享天伦之乐。如此大雪封门之时，便也是不愁温饱的农家最惬意的时候了。

这种围炉闲话的浓浓风情，由来已久。两千多年前成书的《礼记·月令》就有这样的记载："仲冬之月……冰益壮，地始坼"，周天子命司徒"土事毋作，慎毋发盖，毋发室屋，及起大众，以固而闭。"天子还要求臣民"安形性，事欲静，以待阴阳之所定"。后来民间的"猫冬"习俗，正是古代冬日"闭藏"的演变。

　　许是古人从冬眠动物中得到启示，才有了这样的规定。在冬天生活，尽可能不折腾，少耗能量，"猫冬"现象就是因天气寒冷而待在家里避寒。过去的乡间冬日，天气好时人们就会到墙脚晒晒太阳，出门呼吸一下新鲜空气，用长治方言说就是"晒老爷儿"。从这个意义上说，人类跟动物在大自然的威力下表现出的生存方式大同小异，都要冬眠春醒，依候生息，感时而动，这是自然规律。

　　如同春天郊游，夏日避暑一样，冬日"猫冬"从养生角度看，是有道理的。但随着科技的发展和生活水平的不断提高，过去冬三月的"猫冬"习俗已几乎消失，人们都在为各自的生活忙碌，以期日子越来越红火。

　　常言说，"节气不饶人"。节交大雪，如果真下一场大雪多好！果真如此，便是天虽无言，确有常行，是为天性吧！

　　想象着一场神奇的落雪。它可以瞬息之间使天地变如琼玉世界，万物面目皎洁，一切都包涵在它的美丽之中。

　　大地看似冰封雪裹，万物眠去一片枯寂，你可知厚厚的雪层下孕育着最早的生机。小草和新麦，都在它的保护与滋养下，等待着春的消息。

　　此刻，盼望着一场大雪，落地盈尺的大雪……

韩志鸿　书

江雪　柳宗元（唐）

千山鸟飞绝，万径人踪灭。孤舟蓑笠翁，独钓寒江雪。

一阳来复·冬至

感受时光到了冬至这一期，已经是二十四节气的第二十二个。我们不妨把二十四个节气的名称按季节分为四组依序列下，会发现节气命名的规律——

立春，雨水，惊蛰，春分，清明，谷雨；

立夏，小满，芒种，夏至，小暑，大暑；

立秋，处暑，白露，秋分，寒露，霜降；

立冬，小雪，大雪。冬至，小寒，大寒。

这样一摆，可以看出第一纵排和第四纵排都有"春夏秋冬"，它们好似二十四节气的骨架，构成了四时、八节。前面的春夏秋冬以"四立"为始，后面的春夏秋冬则"两分两至"。"分"意为"一分为二"，"至"则为"极"。夏至就是说太阳向北走到极点了，要回头了，但夏季并没有完，而是刚刚到中点；冬至也是如此，太阳已经走到极南点，开始转向北回了，而冬季刚好过了一半。

冬至，是"四时八节"的最后一节，俗称"冬节"。古人对冬至有"阴极之至，阳气始生，日南至，日短之至，日影长之至，故曰冬至"之说。所以《礼记·月令》载："是月也，日短至。""冬至一阳生"，这天白昼最短，阴气至此而极，却也意味着，阳气从此回生。

"夏至后天渐短短至极处，必有个冬至节一阳来复"。这是我在"日长之极·夏至"一章中写到的。正所谓物极必反，否极泰来。阴生于极热之时，而阳生于极冷一刻，阴阳转换而生四时。就如冬至节一到，一阳来复，昼渐长而夜渐短，日子就周而复始地又一次奔着春天去了！

季节的概念，最初发生时是很朴素的，根据人们的直接感受。但当人们要定四季的准确概念并纳入历法时，认识到不能仅仅根据气温来定四季，必须找到最稳定的普遍适用的标准。我们智慧的祖先，找到了这个标准，那就是太阳的南北位置。

早在两千五百多年前的春秋时代，我们的祖先就已经用土圭观测太阳，测定出了冬至。这一天太阳走到最南端，而北半球则是全年中白天最短、夜晚最长的一天。所以，冬至是二十四节气中最早制订出的一个，时间一般落在公历12月21—23日之间，这时太阳黄经到达270°。2016年冬至交节时刻是公历12月21日，农历十一月二十三18时44分。

冬至与清明一样，既是节气，也是一个古老的传统节日，故被称作冬节、长至节、贺冬节、亚岁等。这个历史悠久的节日，可以上溯到周代。想来周时的冬至，应该是个很热闹的日子。周朝把这天作为一年的岁首元旦，天子会率百官在此日举行祭祀神鬼仪式，以祈求护佑国泰民安。《周礼·春官》云："以冬日至，致天神人鬼，以夏日至，致地祇物魅。"冬至日于圜丘祭天，夏至日于方泽祭地。依据的是天圆地方的原则。这种皇家祭祀礼仪历朝历代沿袭下来，直至明清。《清稗类钞》上说："每岁冬至，太常侍预先知照各衙门，皇上亲诣圜丘，举行郊天大祭。"元、明、清代的郊祀，都在老北京南郊的天坛举行。位于城北安定门东的地坛公园内，则有气势恢弘的方泽坛，这是皇帝夏至日祭地的场所。

从汉代开始，冬至正式成为一个节日，皇帝于这一天举行郊祭，百官放假休息，次日吉服朝贺。这个节日一直沿袭下来。魏晋以后，冬至贺仪"亚以岁朝"，并有臣下向天子进献鞋袜礼仪，表示迎福践长。据史书载，三国时曹植曾在冬至献白纹履七双，并罗袜若干于父亲曹操，其所附《冬至献袜履表》中有"亚岁迎祥，履长纳庆"的句子，对这一"国之旧仪"大书特书，算是将冬至献鞋这一习俗的前情后果抒发得淋漓尽致了。据传古代宫中绣女，自冬至后每日便多绣一线。而在冬至当日则须进献鞋袜，以示本年女红的开始。"吃了冬至饭，一天长一线"，这既有添寿之意，也表明从冬至开始白昼渐长。而民间的习俗，则是媳妇会于此日给公公婆婆送上自己缝制的鞋袜，叫冬至"履长"。《太平御览》上说："近古妇人，常以冬至日上履袜于舅姑，践长至之义也。"履长，有着为长辈添寿的意思。

唐、宋、元、明、清各朝都以冬至和元旦（春节）并重，百官放假数日并进表朝贺。尤其南宋时期，冬至节日气氛比过年更浓，因而便有了"肥冬瘦年"的说法。由此可见，由汉及清，从官方礼仪来讲，说冬至是"亚岁"，甚至是"大过年"，绝非虚话。

而在民间，冬至节俗要比官方礼仪更加丰富。东汉时，天、地、君、师、亲都是冬至的供贺对象。唐宋时冬至与岁首并重，几同过新年一般。明清时官方虽维持祭祀仪式，民间却不再大事操办了，主要集中在祀祖、敬老、尊师这几方面，由此衍生出吃饺子、包馄饨、百工放假、慰问老师等风俗。

"冬至饺子夏至面"。每年农历冬至这天，不论贫富，饺子是必不可少的节日饭。谚云："天寒冬至到，家家吃水饺。"这种习俗，民间说法是因纪念东汉"医圣"张仲景冬至舍药救人而传承下来的。

据传张仲景任长沙太守时访病施药，大堂行医，后辞官回乡为乡邻治病。他返乡之时正是冬季，看到乡亲们饥寒交迫，不少人的耳朵都冻烂了，便在冬至那天舍"祛寒娇耳汤"医治冻疮。他把羊肉、辣椒和一些驱寒药材放在锅里一起熬煮，然后捞出切碎，用面包成耳朵样的"娇耳"，煮熟后分给来求药的人食用，治好了人们耳朵的冻伤。后人学着"娇耳"的样子包成食物，代代相传，于是，便有了后世的美味"饺子"或"扁食"。

这"羊肉娇耳"让我想起小时候的乡村生活。那时每到冬至生产队就会安排杀几只羊，好叫劳作了一年的社员们解解馋。那时家家穷，生活差，一到冬天我们一群小伙伴就数着日头盼望着过冬至。因为冬至能饱饱地吃顿"羊肉疙瘩"——当地人们叫羊肉饺子是"羊肉疙瘩"。

"吃了羊肉疙瘩，天冷不冻耳朵"。"疙瘩"二字，听起来给人感觉结实富有，而吃起来更是鲜香有嚼头，所以一听到"羊肉疙瘩"这几个字就叫人馋得慌。冬至杀羊时，我们一群小孩就兴致勃勃地围观瞧稀罕，也盼着赶紧拿到分给自家的羊肉，所以天再冷也不觉得。杀羊的过程紧张而热闹，当羊皮剥去，羊下水掏出后，羊肉用铁钩挂在木架上，这时有人就用高音喇叭开始广播大家来分肉。说分肉其实并不多，一人也就几两肉，人口多的家户分的肉自然多点，最恓惶的就是村中的光棍汉，肉少又受不得折腾，只好将羊肉给了邻居，待人家做好"羊肉疙瘩"后美吃一顿了事。

冬天天短，地里也没啥农活，家家几乎都是一天只吃两顿饭。冬至节更是如此，从上午吃罢早饭，人人就等着晚上的这顿"羊肉疙瘩"呢！冬至的午后，村庄上空全是家家于案板上剁饺子馅的声响。大人们兴致勃勃地忙碌着，而小孩子从分到肉的那一刻便不再嬉戏打闹，而是咽着口水围在大人们身旁转，眼巴巴地等着包好的饺子下锅。等饺子煮好后，大人们总会把第一碗"羊肉疙瘩"端起，嘱咐道：赶紧去给你们老师送去！乡间的人们非常纯朴，他们就以这样一种方式传承着尊师重教的风俗。

冬至吃饺子，有不忘"医圣"张仲景"祛寒娇耳汤"之恩，后来就演绎出"礼敬师长"的特别意义。这样的一种传统尊师美俗由来已久。

上党民间素有"冬至节，教书的"谚语，说的就是这种尊师风俗。这种说法也给冬至节留下了"最早的教师节"的好名声。

的确，旧时冬至节尊师拜师的传统甚为隆重。许多地方在冬至这天，由村中或者族里德高望重的人牵头，带领穿新衣携酒脯的小学生前去拜师，而教书先生则会带领学生拜圣人孔子牌位。隆重一些的地方还会悬挂孔子像，下边写一行字："大成至圣先师孔子像"。祭孔时还要"拜烧字纸"。过去爱惜字纸、不许乱用有字的纸擦东西。因为爱惜字纸是对圣人尊重的表现，如乱用字纸揩抹脏东西就是对先师的亵渎不恭，所以把带字的废纸收集起来，在冬至祭孔时一齐烧掉，烧字纸时师生要一齐跪拜。

祭孔仪式完毕后，再由长老带领学生拜先生。然后宴请先生，招待老师的菜肴往往是炖羊肉。这些习俗民国后逐渐消失，一些祭祀仪式早已无从寻觅，但在偏远的乡间还会有顽强而简单的传承，就如冬至节送给老师的一碗"羊肉疙瘩"！

对冬至日祭孔拜师仪式，古书上这样解释："冬至士大夫拜礼于官释，弟子行拜于师长。盖去迎阳报本之意。"一阳来复，知恩图报，大概便是这样的意思。

冬至不仅是尊师、履长的日子，也是祭祀窑神的日子。

山西境内，过去小煤窑众多，其煤炭开采依靠人工，多有危险。煤炭在极寒冷的冬至后，可生火炉做饭驱寒取暖，从黑洞洞的小煤窑采掘极不容易。所以冬天围炉向火，暖意融融时刻，不能忘记窑神赐给石炭的深恩大义，于是在小煤窑遍布的上党大地，每逢冬至祭祀窑神便也成为一道风景："冬至这天，各小煤窑都要停工一天，披红挂彩，张贴对联，响鞭放炮，大摆宴席。把宰杀好的整猪、整羊供放在窑口，给窑神爷庆寿，并祈求窑神爷保佑井下平安，消灾免难。"

关于窑神赐炭，民间还流传着这样一个故事：说在很久很久以前，有位美丽的牧羊姑娘，非常疼爱她的羊群，与山羊相依为命。有一年冬天，老天爷降下大雪，寒风刺骨，众百姓饥寒难忍。寒冷中的姑娘在山上放牧时，她最喜爱的一只温柔的小黑山羊跑到一个山洞里，姑娘随即追进山洞，这时山洞里走出一位老爷爷，给了姑娘一块乌黑发亮的石头，姑娘立刻感到浑身暖烘烘的，刚想问黑石头是什么宝贝，老爷爷却一闪不见了。姑娘回家后，又把黑石头分给了乡亲们，送到谁家，谁家就不冷了……这黑石头就是煤，传说那老爷爷就是窑神。从此，每到冬至，人们都会带着黑色的猪羊来祭奠窑神。

过去无数的岁月，人们遵循有序开采，并懂得感恩，年年冬至节要祭奠窑神。而今，那些遍布上党大地的小煤窑早已被若干现代化的大型矿井所取代，我不清楚现在的煤矿是否还沿袭祭奠窑神的风俗，但井下机声隆隆日夜不停地采掘煤炭资源却是事实。有些矿井已经资源枯竭，不停地采挖导致许多村庄塌陷、道路沉降，而且生态环境愈加恶化，这与传说中窑神赐予人们温暖是多么地大相径庭啊！

如果真有窑神，面对现状该如何指点我们今天的生活？！

话扯远了，我们还说冬至节气吧。

古人将冬至分为三候："一候蚯蚓结；二候麋角解；三候水泉动。"冬至之日"蚯蚓结"，是说蚯蚓感阴气蜷曲，感阳气舒展，六阴寒极时，纠如绳结。后五日"麋角解"，麋与鹿同科，却阴阳不同。麋头似马、身似驴、蹄似牛、角似鹿，因而被称作"四不像"。古人认为，鹿属阳，山兽，感阴气而在夏至解角。麋属阴，泽兽，感阳气而在冬至解角。再五日"水泉动"，水乃天一之阳所生，现在一阳初生，所以，水泉已经暗暗流动。

冬至，为阴极之至。物极必反，阴极生阳。过了这一天，阳气初生，土壤水泽中便有了埋藏的春信。所谓"冬至一阳生"源于《周易》的卦象。冬至在《周易》中反映在"复卦"，下震上坤。雷在地中，阳在阴中。在代表冬至的卦中，本是全阴的六根阴爻的最下面一根已变成阳爻，所以冬至又称作"一阳生"。此时阳气还很微弱，要扶助，不能伤害。所以"复卦"上说："先王以至日闭关，商旅不行。"《后汉书》上也说："冬至前后，君子安身静体。"意思都是说要静养，不要兴师动众，以免扰乱了天地阴阳的变化。阴阳之气，驱动四时变化，万物生长。而到了下一个月，卦象上的阳爻便从一个发展成了两个；再到次年一月，在下发生的阳爻便与上方阴爻数目相等，象征阳气上行涌动，是为"三阳开泰"。然而，这些都源于冬至"地雷覆"最初的那个阳爻。一阳初生，万物之始。正如杜甫诗云："冬至阳生春又来。"

以上是从《周易》卦象来说，而物候方面，古人对冬至仍有不少说法。其中一说冬至"蚯蚓结，葭灰动"。蚯蚓疏通土地，靠触觉感知气候，称为土精。它入冬时头向下，冬至时阳气动改为头向上，因气冷而蜷结。夏夜土中时时有粗鸣声，故蚯蚓有"歌女"之称。葭是芦苇，其苇膜我们都熟习，吹奏笛子时要往笛子左端第二孔贴上苇膜，使笛音更加清脆、明亮。而古人冬至时则将苇膜烧成灰，装在竹管里以兼葭之思感应节气，节气到，灰自动飞出竹管。

兼葭之思感应节气的做法还与中国传统音乐有密切的关联，中国传统音乐的"律吕"或"乐律"就是用来协调阴阳、校定音律的一种设备，现代音乐上叫定音管。我们的祖先用竹子制成十二根竹管，与十二个月份相对应，奇数的六根称"律"，偶数的六根称"吕"，奇数表示阳，偶数表示阴。按长短次序将竹管排列好，插到土里面。竹管是空的，竹管中储存用芦苇烧成的灰。以此来候地气，到了冬至的时候，一阳出。阳气一生，第一根九寸长、叫黄钟的管子里便有气冲出，竹管里的芦灰也随之飞出来，并发出一种"嗡"的声音。这种声音就叫黄钟，这个时间就是子，节气就是冬至。

想想，这是多么有趣的事情。古人将寒冷沉寂的冬天也过得如此富有诗意，就如同从冬至日开始的《九九消寒图》一般，将数九严寒时节一个个清冷日子过得意趣盎然。

"夏至入伏，冬至数九。"冬至是"数九"天的开始，古时从这天起就开始在《九九消寒图》上写九、画九。从明代开始出现的《九九消寒图》有梅花、文字、圆圈、葫芦、方孔钱等图形，使用哪种图形往往根据个人的喜好而定。

民间流行的《九九消寒图》通常是在一张印好的双钩书法字上描红，这九个字是繁体的"庭前垂柳珍重待春风"或者"春前庭柏风送香盈室"等，每字九划，共八十一划，从冬至开始，每日用毛笔按照笔划顺序填充。每天填完一笔后，还要用细毛笔着白色在笔画上记录当日天气情况。也有更细致的是用不同颜色来代表不同的天气现象，晴则为红，阴则为蓝，雨则为绿，风则为黄，雪则为白。每过一九填好一字，直到九九八十一天后春回大地，一幅《九九消寒图》就算大功告成。而一幅"写九"图，便是九九天里较为详尽的气象资料。此外，还有一种雅致的梅花图，在白纸上绘制九枝素梅，每枝九朵，一枝对应一九，一朵对应一天。正如明朝刘侗《帝京景物略》中记载："冬至日，画素梅一枝，为瓣八十有一，日染一瓣，瓣尽而九九出，则春深矣。"填梅花还有讲究，如果是晴天，就填下面一半，阴天呢，填上面，刮风填左边，下雨填右边，雪天就填中间。这种梅花图多为闺阁中的女子们喜欢："冬至后，贴梅花一枝于窗间，佳人晓妆，日以胭脂涂一圈。"填花不用毛笔，每天晨起梳妆的时候，随手抹点胭脂。八十一日之后，梅花就变成了一枝轻暖明媚的春杏了。所谓"试数窗间九九图，余寒消尽暖回初。梅花点遍无余白，看到今朝是杏株"。清冽的严寒时光，一幅《九九消寒图》，便可以诗意地打发掉漫漫长冬。

更为雅致的是古时风雅文人逢九相聚，所作九体对联用以消寒，每联九字，每字九划，每天在上下联各填一笔。如上联若为"春泉垂春柳春染春美"，下联则对为"秋院挂秋柿秋送秋香"，既消磨了时光，又娱乐了身心，这是多么充满意趣的雅事。忙碌的现代人早已没了古人的这般雅兴，即使有也缺少了古人的那般才情。现代人在匆忙赶路中丢失了许多东西，丢失了日常生活中的审美和诗意，美的情愫失落了，生活就失去了美感，多了疼痛。

能让人在严冬里修身养性的《九九消寒图》早已从我们的生活中丢失的无处寻觅，所幸的是冬至的《九九歌》还在今日的生活中口口传唱："一九二九不出手，三九四九冰上走，五九六九沿河看柳，七九河开，八九雁来，九九加一九，耕牛遍地走。"这让我想起儿时的冬至，那时，美美地吃过"羊肉疙瘩"后，就会和小伙伴们在雪地上堆雪人，推桶箍，打枣核，抽吃打猫，打瓦，在尽情的嬉戏中朗声念着《九九歌》。有时念到高兴处，就自己编词突然指着对方说："三九四九冻死鸡狗……"随即是一阵放肆的笑声在雪地旷野间游荡，接着几个雪团乱飞，雪仗便自然开打。

那时的冬天，天冷雪大，眼中的世界单纯洁静而充满欢乐。

回忆总是那么美好，而时光却是如此匆匆。就如同我写节气系列，从立春开始写起，才看到春暖花开，一眨眼竟到了数九寒天。冬夏有序，各有妙处，人生于天地之间，感四时而顺节候，让我们就追着时光感受这份美好吧。

冬至过后，最寒冷的日子才开始到来。但一阳初生，白昼渐长，春信埋伏而充满希望。过了小寒、大寒，又一个美好的春天正在萌发。

是啊，冬至——"冬天来了，春天还会远吗？！"

陈濂波 书

小至　杜甫（唐）

天时人事日相催，冬至阳生春又来。

刺绣五纹添弱线，吹葭六琯动浮灰。

岸容待腊将舒柳，山意冲寒欲放梅。

云物不殊乡国异，教儿且覆掌中杯。

花信始来·小 寒

　　小寒最冷时，一年将到头。

　　吃罢冬至的羊肉饺子，日子就在"一天长一线"中走着，一晃半个月，小寒节气便在几次"风刀霜剑严相逼"的冷峻时刻骤然降临。

　　《淮南子·天文训》中说："冬至加十五日，斗指癸则寒。"小寒是二十四节气中倒数第二个，属十二月节气，一般在公历 1 月 5—7 日之间，此时太阳位于黄经 285°。这一轮的小寒交节时刻落在了公历 2017 年 1 月 5 日，农历腊月初八 11 时 55 分。

　　关于小寒，《月令七十二候集解》中是这样说的："十二月节，月初寒尚小，故云，月半则大矣。"小、大寒的寒字，下面两点是冰，《说文》解释寒为冻，此时还未寒至极，至极是大寒。冬日的旷野雪地，白日隐寒树，野色笼寒雾，给人极冷之感。此时，我们所感到的寒气是由于阳气上升，逼阴气所致。

虽说半个月后便是大寒节气，其实多数年份小寒更冷。这是因为从冬至开始计算寒天的"九九"，到"三九"这个最冷的时段，正好落在小寒节气内。故民间常有"小寒胜大寒，常见不稀罕"的说法。

既然小寒更冷，古人为什么要在小寒后又加一个大寒，而不是倒过来排列呢？原来，我们的传统文化特别讲究"物极必反"，认为寒暑交替的"天道"是寒冷之后迅速回暖，如果先大寒后小寒，从字面上就找不到最冷后"回暖"的感觉了，所以把大寒放在后面，让人觉得大寒后迅速回归立春，这更符合人们传承的"否极泰来"的思维习惯和生活经验。此外，还有一个因素，就是二十四节气中，冬季的小寒正好与夏季的小暑相对应，位于小寒节气之后的大寒，"四九"有几天正处于其中，谚语说："四九夜眠如露宿"，这时天气也很冷，并且冬季的大寒恰好又与夏季的大暑相对应，所以夏季小大暑、冬季小大寒才如此对应排列。

古代将小寒分为三候："一候雁北乡；二候鹊始巢；三候雉始雊。"小寒之日"雁北乡"，古人认为候鸟中大雁是顺阴阳而迁移，此时阳气已动，北飞雁已经感知到阳气。"乡"只是趋向之意，并非此刻就动身北迁；后五日，"鹊始巢"，是说此时北方到处可见到喜鹊，喜鹊感知阳气并噪枝，已经开始筑巢，准备繁殖后代；再五日，"雉始雊"，雉就是我们通常说的山鸡。雉乃阳鸟，其感于阳而后有声。"雊"是求偶声，是指雄性野鸡感到阳气上升而开始鸣叫，早春已近，早醒的雉鸠开始求偶了。王维《渭川田家》诗中"雉雊麦苗秀，蚕眠桑叶稀"指的便是这种野鸡。雉体型如鸡，毛色五彩斑斓。雄性色彩艳丽，尾巴长；而雌的色彩较暗，尾巴较短。小时看古装连环画，记得皇帝坐朝时左右侍从所执的扇障，就是用野鸡尾羽制的雉尾扇，雉尾扇亦为皇家仪仗之一。

唐人元稹的《咏廿四气诗·小寒十二月节》中便有对小寒三候的描写：

小寒连大吕，欢鹊垒新巢。拾食寻河曲，衔紫绕树梢。

霜鹰近北首，雊雉隐聚茅。莫怪严凝切，春冬正月交。

诗中提到的"大吕"，就是我们平时说的"黄钟大吕"。我国古代音韵十二律中，黄钟是六种阳律的第一律，大吕是六种阴律的第一律。黄钟对应子月十一月，大吕对应丑月十二月，所以诗中说"小寒连大吕"是说小寒为十二月节。后五句说的是小寒分为三候之事。最后两句说，虽然正值严冬，但离春天正月已经不远了。

农历十二月对应古乐十二律中的"大吕"。古人解释，吕是"旅阳宣气"，是被阳气逼迫的结果。《白虎通》对"大吕"的解释是："吕者，拒也，言阳气欲出阴不许也。吕之为拒者，旅抑拒难之也。"

我在"大暑"一章中曾提到过十二律，今人对此陌生已久，不妨再说几句，也算一个常识。古乐分十二律，有六律六吕。十二律可分为阴阳两类：奇数的六律为阳律，叫六律；偶数的六律为阴律，被称为六吕，合称为六律六吕，简称两者为六律吕。

其律制排行正好对应阴历十二个月，从低到高依次为：黄钟（十一月），大吕（十二月），太簇（正月），夹钟（二月），姑洗（三月），仲吕（四月），蕤宾（五月），林钟（六月），夷则（七月），南吕（八月），无射（九月），应钟（十月）。《吕氏春秋·音律》说："仲冬日短至，则生黄钟。季冬生大吕。孟春生太蔟。仲春生夹钟。季春生姑洗。孟夏生仲吕。仲夏日长至，则生蕤宾。季夏生林钟。孟秋生夷则。仲秋生南吕。季秋生无射。孟冬生应钟。天地之风气正，则十二律定矣。"

上文所说"仲冬日短至，则生黄钟。季冬生大吕。"这里我们以"冬至生黄钟"为例说明。古代传统音乐的"律吕"或"乐律"是用来协调阴阳、校定音律的一种设备，现代音乐称之为定音管。我们的先民用竹子制成十二根竹管，与十二个月份相对应，奇数的六根称"律"，偶数的六根称"吕"，奇数表示阳，偶数表示阴。按长短次序将竹管排列好，插到土里面。空竹管中放有苇膜烧成的灰。以此来候地气，到了冬至交节时刻，一阳生。阳气一生，第一根九寸长、叫黄钟的管子里便有气冲出，竹管里的芦灰也随之飞出来，并发出一种"嗡"的声音。这种声音就叫黄钟，这个时间就是子，节气就是冬至。用这种声音来定调就相当于现代音乐的 C 调。而小寒亦然，所有节气依序这般。古人智慧，用这种方法可以定时间，来调物候的变化，所以叫作"律吕调阳"。

黄钟配大吕。《汉书·历律志》解释大吕与黄钟的关系是："吕，旅也。言阴大，旅助黄钟宣气而牙物。"这个"旅"已经是客，不是主了，初生阳气充满了生命力，但阴气仍然强大。"牙物"的"牙"通"芽"，是萌生之意。

音律由低而渐高，光阴由短而渐长，地气由寒而渐暖，时光周而复始，一年将尽，正所谓："大吕之月，数将几终，岁且更起。"是的，此时节旧岁近暮，新岁即至。进入十二月，人们就该忙着过大年了。

　　临近春节的十二月称为"腊月"，古时也称"蜡月"。这种称谓与自然季候并没太多的关系，而主要是以岁时之祭祀有关。所谓"腊"，本为岁终的祭名。东汉泰山太守应劭所著的民俗著作《风俗通义》这样解释腊月："夏曰嘉平，殷曰清祀，周用大蜡，汉改为腊。腊者，猎也，言田猎取禽兽，以祭祀其先祖也。或曰：腊者，接也，新故交接，故大祭以报功也。"因为接踵而来的祭祀活动，腊月又成为"祭祀之月"。意思是之所以把十二月叫腊月，是因为古时候这个月是用猎取禽兽之肉祭拜祖先的日子。

　　进入腊月标志着距离最盛大的传统节日春节只有一个月了。在这一个月里，各种迎接新年的民间习俗将悉数登场，而第一个迎面而来的就是"腊八"。

　　今年小寒交节正好是"腊八"这一天。民谚云："腊七腊八，冻掉下巴。"此时正值寒冬，民间又到了熬腊八粥、泡腊八蒜的时候。

　　腊八粥。这是年节来到的节物提示，民谚说"过了腊八就是年"，所以有"报信的腊八粥"的说法。腊八粥，它是将果味、豆类与小米、糯米等一起熬制而成，享用的时间是在腊八的早上（农历十二月初八）。它起源于古代冬至祭祀的豆糜，传说佛祖养生成道之日便是腊月初八，所以腊八粥是僧俗两界共享的节日食品。腊八粥最早见于文献是在宋人孟元老撰写的《东京梦华录》中，"诸大寺作浴佛会，并送七宝五味粥与门徒，谓之'腊八粥'。都人是日各家亦以果子杂料煮粥而食也"。宋代东京寺院与城市平民都在腊八这天享用腊八粥。到清代，喝腊八粥的风俗更是盛行，在宫廷，皇帝、皇后、皇子等都要向文武大臣、侍从宫女赐腊八粥，并向各个寺观发放米、果等供僧侣道人食用。而在民间，早已将这一天漫延为一个重要节日，成就了腊八祭祖、食粥、团圆的民俗风尚。据清乾隆年间成书的《帝京岁时纪胜》记载："腊八日为王侯腊，家家煮果粥，皆于预日拣簸米豆，以百果雕作人物像生花式。三更煮粥成，祀家堂门灶陇亩，阖家聚食,馈送亲邻，为腊八粥。"古时讲究的人家在做"腊八粥"时还特别重视生活的美化与情感的表达，要用果品雕刻人物与各色仿生形象，以表达人寿年丰的祈求。初八清晨煮好"腊八粥"后，首先是祭祀祖先、门神、灶神以及土地之神。然后全家团聚共享，并在亲邻间相互馈送，从此拉开年节亲情汇聚的序幕。由此我们可看出旧时腊八日食"腊八粥"的隆重。上述文中所言"王侯腊"是道家在腊月初八的一个节日。道家有五腊：正月初一是"天腊"，五月初五是"地腊"，七月初七是"道德腊"，十月初一是"民岁腊"，十二月初八（正腊日）是"王侯腊"。五腊在道教的地位与"三元节"相似，故而在民间有"三元五腊"的说法。三元节三官大帝赐福赦罪解厄，五腊日便是五帝校定生人延益的良日。

由此可以看出，过去皇家、民间和佛家、道家都非常重视腊八节。寺观也在这时以舍粥的方式联系信众，一些著名寺观在腊八清晨举行舍粥活动。《燕京岁时记》载："雍和宫喇嘛，于初八日夜内熬粥供佛，特派大臣监视，以昭诚敬。其粥锅之大，可容数石米。"北京的雍和宫，自清朝以来，年年腊八在庙内摆起大锅熬粥，施舍给信众。杭州的灵隐寺也是如此。

古往今来，腊八的民俗在时光变幻和社会演进中经久不衰，向为人们看重。煮"腊八粥"往往要从初七夜间开始。记得小时候每逢腊八，母亲总会提前准备粥料，无非就是尽家中所有之米豆干果一起熬煮。母亲一夜会几次起来看粥锅续柴火，火苗闪烁映照着母亲明暗的脸庞，这样的情景至今历历在目。我们则蜷缩在厚厚的棉被里，几次三番地醒来，小声地询问母亲"腊八粥好了吗？"再扭头望向糊着麻头纸的窗户，心中不免焦急：天咋还不亮啊！

整整大半夜各种米豆在锅中文火慢熬，香气氤氲中天渐明之际而粥也融化熟烂。

在我人生成长过程中有几年没喝到母亲熬的腊八粥。那是我知青插队的几年。其中有三年时间我是在晋东南地区最大的水利工程——黎城县勇进渠的修渠工地上度过的。当时全县修水渠的队伍称为"专业队"，全部军事化管理，以各公社、各大队分别编制为营连排班。只要起床号一响，立马起床吃饭上工，迟到就会在脖子上挂一个大牌子游工地。三九寒天也照旧，凌晨四点起床，到晚上八点才收工。早饭、午饭两顿窝头全部送到工地吃。开山炸石，砌渠清淤，劳动强度很大。让我最难忘的是一年冬天，正值小寒节气腊八前后，滴水成冰的日子照样干活。那是在山岭间清理渠道的淤泥，渠道底的冻淤泥比石头还硬，好不容易一点一点凿开一尺多厚的冻土层，手掌虎口早已震得开裂鲜血直流，简单拿点胶布缠住了事。最要命是从渠道底部将清理的淤泥倒腾上岸。因为渠岸有两三丈高，必须几个人配合。一人在渠底，一个在渠岸半腰，一人最上面。渠底的人挥一铁锹将淤泥倒给渠岸半腰的人，半腰的人随即挥铁锹再甩到最上边。相对来说，最上边的人要轻松许多，最累的就是在渠底干活。因为有任务定量，渠底的人不光要一刻不停地铲泥、甩泥，站在渗水的渠底不大一会，就把布棉鞋浸湿了，山风吹来，尽管浑身是汗，但脚很快就会冻僵。几天下来，脚后跟早已冻得疼痒无比。我那时年龄小，只有十六七岁，个子也矮，在渠底干一会就吃不消了。所以两位大个子同伴对我多有关照，轮流着让我多在最上边干活……

那几年，尽管我没吃上母亲熬的热乎乎的腊八粥，但在那个三九严寒的小寒时节，我获得了质朴乡亲的暖融融的情谊。

想起这些至今都心存温暖，就如小时候盼天明喝腊八粥一样令人难忘。

长大后就对这个粥字格外关注起来。粥字是"鬻"字简化，从字形看，底下是一个鬲，米字两边热气游弋，是米在热气中成糜的景象。这糜是米在沸腾中烂而融化的，由此有"糜沸"之词，"糜沸"是热气腾腾中的混沌，粥也非得熬到这份境地，才有味道。后来读书懂得这个词也比喻世事混乱，西汉扬雄的《长杨赋》中有"豪俊糜沸云扰，群黎为之不康"。糜烂之后混沌一片，也就是糜溃，所以熬成的粥也称"糜粥"。清代著名文学家袁枚所著《随园食单·饭粥单》中说："见水不见米，非粥也；见米不见水，非粥也。必使水米融洽，柔腻如一，而后谓之粥。"袁枚是美食家，他认为只有水和米全然融为一体，才有称作"粥"的资格。如此的定义，颇有"刚柔相济"、"阴阳互补"的传统哲学意味。汉刘熙的《释名》说："煮米为粥，使糜烂也。粥浊于糜，育育然也。"水米成交，刚柔合道，米混沌为糜，糜再混沌才为粥。这"育育然"便是在阴阳交和中的孕育生腾吧。

腊八粥在传统文化中是年节即将开始的第一个信号，更是民间上下共享的第一道饮食佳品。其中核桃仁、红枣、花生仁、板栗、红豆、莲子、松仁、桂圆、葡萄干、白果、菱角等不下二十种与米杂汇熬成的腊八粥正是补冬的营养食品。清《粥谱》记载，腊八粥乃食疗佳品，有和胃、补脾、养心、清肺、益肾、利肝、消渴、明目、通便、安神的作用。如此对身心有补益的美味饭食，于"冷在三九"的小寒时节岂可错过！

喝罢养身养心的腊八粥，一家人还可其乐融融围坐一起泡腊八蒜。"腊八蒜，腊八蒜，吃了一辈子不受难。"腊八蒜的泡制极其简单，挑选上好的紫皮蒜，剥皮后放入瓶子或坛子内，然后倒入我们此地的特产老陈醋，加盖密封，置于低温地方。几日后，泡在醋里的蒜就会渐渐变绿，通体湛青，观若翡翠。既美观又诱人食欲，待除夕打开后，那蒜瓣蒜辣与老陈醋的酸香扑鼻而来，此刻，盛一盘热腾腾的饺子，这光景，想着就馋涎欲滴。

腊八时节，我们不妨放慢匆匆的脚步，让生活节奏舒缓下来，和家人一起熬一锅水米成交，刚柔合道的腊八粥，在光阴闲长、悠然自得的心境中，从容闲致地品尝可好？要知道，从容是最好的养生啊！

从容地生活，得先有从容的心态。即使在滴水成冰的三九日子，慢慢喝罢一碗浓稠养生的"糜粥"，信步走出户外，感受肃穆的天地之气，听听凛冽的风中传来了什么！

那可是花信风吗？

花开传消息，风先来报信。《吕氏春秋》上说："风不信，则其花不成。"风是守信的，到时必来，所以叫花信风。花信风从小寒开始吹，有二十四番。花信风从小寒第一候开始，至次年谷雨第三候截止，四个月时间，跨八个节气，二十四候，顺次列出二十四种当令鲜花。每个候对应着一个花信风，每隔五天，就有一种鲜花知时而开。小寒有三候，一候梅花，二候山茶，三候水仙。都是国人喜欢的花。

梅花欢喜漫天雪，可谓人间第一枝。其冷艳逼人，傲雪绽放，最得文人雅士的欢心，素被人称作"第一美人"。王冕隐居山野"植梅千树"因梅成痴，林逋西湖孤山赏梅吟诗以梅为妻。过去宫中的美女爱在额头上画"梅花妆"，而戎马倥偬的陆凯率兵南征登上梅岭，正值梅花怒放，回首北望，想起了陇头好友范晔，又正好碰上北去的驿使，于是陆凯折梅作礼品赋诗赠友人："江南无所有，聊赠一枝春。"江南富庶，我却只给你一个报春的梅花。以梅喻人，是对人最好的赞誉。山茶呢，隆冬盛开，花期漫长，颇有越挫越勇的风骨，所以李渔说它："具松柏之骨，挟桃李之姿。"而开在小寒最后五天的水仙花，飘逸无俗气，黄庭坚称它为"凌波仙子"。与长治有历史渊源、曾兼任潞州别驾的唐玄宗李隆基还用金玉七宝制作盆子，装了红水仙，赐给"却嫌脂粉污颜色"的虢国夫人。

花信风来始于小寒。二十四番花信风，除小寒三候花信外，依节气顺序，其余七个节气的花信分别是：大寒的花信为第一瑞香、第二兰花、第三山矾；立春的花信为第一迎春、第二樱桃、第三望春；雨水的花信为第一菜花、第二杏花、第三李花；惊蛰的花信为第一桃花、第二棠棣、第三蔷薇；春分的花信为第一海棠、第二梨花、第三木兰；清明的花信为第一桐花、第二麦花、第三柳花；谷雨的花信为第一牡丹、第二酴醾、第三楝花。

在三九严寒的小寒时节，看着枝头上腊梅次第绽放，心中涌起的竟是满满的诗情——早年间的小学语文课本中，曾选有王安石的一首《梅花》："墙角数枝梅，凌寒独自开。遥知不是雪，唯有暗香来。"可以说是启蒙之作。而王维的"君自故乡来，应知故乡事。来日绮窗前，寒梅著花未？"则让人顿起思乡之情。前文说王冕因梅成痴，这位号称"梅花屋主"元末画家犹擅画梅花，他曾在一幅墨梅图上题诗曰："吾家洗砚池边树，个个花开淡墨痕。不要人夸好颜色，只留清气满乾坤。"该诗托梅花的口吻，表达出诗人高洁的人格追求，可谓一语双关，启人心智。在冰天雪地的季节中读这些梅花诗，真是暗香浮动令人陶醉！

喝罢暖暖的腊八粥，再画一笔《九九消寒图》，在数九寒天中聆听花信的消息，在梅花绽放的声音里开始忙活着置新衣办年货，就听到春节的脚步越来越近……年味，便从小寒时节这第一碗暖心的腊八粥开始，渐渐地弥漫开来。

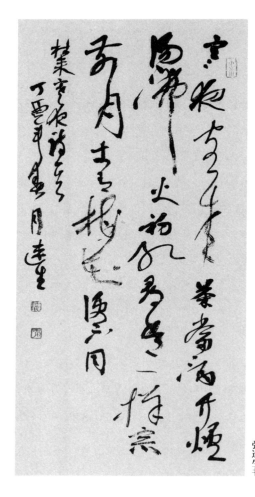

张连生书

寒夜　杜耒（宋）　寒夜客来茶当酒，竹炉汤沸火初红。寻常一样窗前月，才有梅花便不同。

节变岁移·大　寒

大寒小寒又一年。

一年很慢，一年又很快。从年初的立春开始，我们循着二十四节气的脚步，走过春种、夏打、秋收、冬藏那一个个富有诗意的日子，在体察时光之美的四季轮回中，今天走到了二十四节气的最后一个节气大寒。

大寒，也是冬季的最后一个节气。这意味着农历年的最后阶段，预示着又一个新生的春天即将到来。民谚有"大寒到顶端，日后天渐暖"的说法，就是说天气再冷，到这时候也冷到头了，物极必反，天要渐渐转暖了。大寒节气一般跟农历的岁末时间重合，所以大寒时节大多是过年时间，农谚说："小寒大寒，杀猪过年。""过了大寒，又是一年。"

若按常年经验，大寒是天气寒冷到极点的时光，虽然多数年份小寒更冷。《授时通考·天时》引《三礼义宗》曰："大寒为中者，上形于小寒，故谓之大。自十一月一阳爻初起，至此始彻，阴气出地方尽，寒气并在上，寒气之逆极，故谓大寒也。"是说冬至一阳初生后，阳气逐渐强大，由下而上，经小寒至大寒，才彻底将寒气逐出地面。大寒因此是阴寒密布地面，这时节悲风鸣树，寒野苍茫，寒气砭骨。正如宋朝诗人王之道有句："曈曚半弄阴晴日，栗烈初迎小大寒。"古人一直把大寒当作是一年最冷的时节，这正应了一句民谚"大寒年年有，不在三九在四九"。大寒一般都落在公历1月20日前后，这时太阳到达黄经300°。今年的大寒交节时刻为公历2017年1月20日，农历腊月二十三5时23分。

虽然今年冬天有过几次降温，但总体比往年稍稍偏暖，老天也并没有降一场像样的大雪，俗话说："干冬湿年"，也许降温下雪留待春节或元宵节期间吧。大寒气候的变化是预测来年雨水及粮食丰歉的重要标志，乡间农人多根据此来及早安排农事。"大寒不冻，冷到芒种""大寒不寒，人马不安""大寒见三白，农人衣食足""大寒白雪定丰""大寒无风伏干旱"等等，"三白"是指三场雪，"三"并非实指，是说大寒降雪多可得丰年之意。这些乡间流传的农谚，是从大地上生长出来的，是祖祖辈辈的生活经验，至今仍影响着广大乡村的生产生活，是人与自然相处的、活化于心的"气象预报"。

古代将大寒分为三候："一候鸡始乳，二候鸷鸟厉疾，三候水泽腹坚。"大寒之日"鸡始乳"，意为大寒节气鸡提前感知到春天的阳气，开始下蛋孵小鸡；后五日"鸷鸟厉疾"，鸷鸟指鹰隼之类的飞鸟，厉疾是厉猛、捷速之意。意为鸷鸟盘旋于空中猎食，以补充能量抵御严寒；再五日"水泽腹坚"，是水域中的冰一直冻到中央，且厚而实。不过，不管古人怎么形容它的寒冷，人们还是能想象到春天即将到来，就如唐代诗人元稹《咏廿四气诗·大寒十二月中》中写的那样：

腊酒自盈樽，金炉兽炭温。大寒宜近火，无事莫开门。

冬与春交替，星周月讵存？明朝换新律，梅柳待阳春。

诗人的"咏廿四气诗"中，几乎都写到了节气"三候"，而唯独大寒这首诗，不再写"鸡始乳、鸷鸟厉疾、水泽腹坚"等物候现象了，而是直接写人们的习俗和新、旧年的交替——在大寒节气，人们饮着腊酒，围着火炉闭门取暖。冬天过去了就是春，一个星辰运动周结束，十二个月也就过完了，新年要用新的历法。

寒至极处且回暖，坚冰深处春水生。大寒后十五日，阳气就会出地而驱逐阴寒了，那便是立春。

今年小、大寒交节恰逢两个节日，小寒与"腊八"同一天，而大寒则与"小年"同一天。一日两节，自是不同往常。"小年"是相对大年（春节）而言的，又被称之为小岁、小年夜。东汉崔寔《四民月令》记载："腊月日更新，谓之小岁，进酒尊长，修贺君师。"在宋代，过小年是不出门拜贺的，《太平御览》卷三十三引徐爰《家仪》说："惟新小岁之贺，既非大庆，礼止门内。"由于"小年"时家家户户忙于祭祀和"除陈"，置备过年物品，所以这天合家团聚，欢宴饮酒，不外出往来走动。

"小年"是腊月二十三，民间有许多习俗，传说是灶王爷上天的日子。灶王爷，也称灶君、灶君菩萨、东厨司命。早在春秋时期，孔子《论语》就有"与其媚于奥，宁媚于灶也"的说法。先秦时期，祭灶位列"五祀"之一,"五祀"为祭灶、门、行、户、中雷五神,中雷就是我们常说的土神。

在民间传说中,灶神是玉皇大帝派到人间察看善恶的神。这位神的由来有几种说法,一种认为灶君是黄帝,《淮南子·微旨》中说:"黄帝作灶,死为灶神。"一种认为灶君是祝融,《周礼》中说:"颛顼氏有子曰黎,为祝融,祀以为灶神。"灶神的全衔是"东厨司命九灵元王定福神君",被尊奉为三恩主之一,也就是一家之主,家里大大小小的事都归他管。所以,民间传统每年腊月二十三要祭灶。家家户户在这一天将酒、糖、果等供品放在厨房灶神牌位下,祭祀后要烧掉灶神像,意味着送灶神上天。祭祀时,还有一个有趣的细节,祭祀的供品中一定要有胶牙糖做成的糖瓜、糖饼或年糕,为的是这些食物将灶神的嘴粘住,防止灶神上天乱揭人间短处。因此,过去灶龛两侧常可见到这样的对联:"上天言好事,回宫降吉祥""上天言好事,下界保平安"和"一家之主"的横批。旧时,祭灶仪式感很强,马虎不得。全家老少都要参与祭祀、磕头、行礼,讲究的人家要由长子奉香、送酒,并为灶神的坐骑撒马料,供清水,好让灶神骑着升天。民间流传的俗曲《门神灶》就描绘了一幅祭灶的风俗画:"年年有个家家忙,二十三日祭灶王。当中摆上二桌供,两边配上两碟糖,黑豆干草一碗水,炉内焚上一股香。当家的过来忙祝贺,祝赞那灶王老爷降吉祥。"

到了大年三十的晚上,灶王还要与诸神来人间过年,那天还得有"接灶""接神"的仪式。所以俗语有"二十三日去,初一五更来"之说。这几年,常在岁末卖年画的小摊上,看到卖灶王爷的图像，好让人们在年三十"接灶"仪式时张贴。

大寒交节后，过年的日子，一天接近一天。俗话说："进了腊月门儿，踩住年的脚后跟儿。"人们热热闹闹地办年货，忙碌而喜悦。因此，大寒这一节气，自然也就在二十四节气中不同凡响，连带着一年"完美收官"之意和即将过年的节日喜气而显得红火忙碌。这时，再体会大寒中"寒"字，一下便有了暖暖的温度。

过罢小年祭完灶，放了寒假的孩子们就怀着急迫的心情盼过年。在皑皑的雪地上疯癫嬉戏，在村边打雪仗和"斗拐拐"。玩到高兴处，不知谁会带头一嗓子，大伙就跟着一起唱起歌谣："二十三，打发老爷上了天；二十四，扫房子；二十五，磨豆腐；二十六，割好肉；二十七，蒸团子；二十八，把面发；二十九，蒸馒头；三十晚上守一宿，大年初一扭一扭。"这声音带着喜兴和企盼回荡在寂寥的冬日上空，空气中一下子就飘满了年味。

这样的情景是我小时候的经历，现在忆及，倍感亲切。那时大寒节气比现在冷多了。白天和小伙伴玩累了，晚上就守在窑洞的土炕上，围着火盆取暖。忙了一天的母亲和姐姐还会在昏黄的油灯下做针线活和纳鞋底，赶做一家人过年的穿戴。有时，我和弟弟扔下手边的小人书，跑到院里，踩着满地白雪从吊架上揪一穗玉茭，哈着冷气哆嗦着再跑回窑洞土炕上，把玉米一粒粒剥下埋到火盆中温热的木炭灰中。不一会儿，埋玉米的木炭灰会轻轻动一下，飘起一缕烟灰，随即"嘭"的一声，一个爆米花就从火灰中跳出来，袅袅的烟灰中，先前一粒金黄的玉米竟变作如棉花朵般雪白的爆米花，香气扑鼻！我们边嚼边拿起《草船借箭》《雪夜上梁山》有滋有味地看起来。有时还会埋几个山药蛋进去，好给寒夜里做活的母亲和姐姐作夜宵。严寒冬夜，门外是冰冻的世界，简陋的窑洞之内却弥漫着满满的温暖，即使只是几粒爆米花，一个烤土豆，也是一家人浓浓的生活情味。

大寒之后，年味越来越浓。村子的上空，整天都飘着炊烟。男人们忙着做豆腐。磨好豆浆，烧开大锅，用力把豆浆从纱布包中揉入沸腾的大锅内，然后小心翼翼地往锅中点卤水，把形成块状的豆浆从锅中捞入竹筛内，用纱布包紧加盖压上石头挤压水分。忙完这些，男人们心里总会忐忑："不知这卤水点老了还是点嫩了？"豆腐老了就显得硬，出豆腐少，点嫩了豆腐就显得软，虽然出豆腐多但容易碎。而女人们则碾好米面开始蒸花馍、豆包、团子。邻里轮流帮忙。每户人家都在大锅上架起了蒸笼，把细细的干净麦秆铺一层在蒸笼底，心灵手巧的女人们将揉好的花馍挨个摆放于麦秆上，然后一屉屉上锅。炉腔中柴禾架起，大火熊熊。待一笼花馍蒸好后，就倒在院子里的长筐箩里晾着。无论谁过来，女主人总会掰半个塞到来人手里，也会忐忑地跟一句："尝尝，碱大碱小？"听到来人嚼着香甜劲道的花馍连声说"好吃"时，女主人就会满面笑意转身投入到热气弥漫的灶间接着忙碌。

而杀年猪则成为全村人喜气洋洋的集体行动，这也是最令孩子们兴奋的时刻。我至今难忘的是杀猪后，在冒着热气的大铁锅上退猪毛的情景。杀猪人从猪蹄处开一个小口，用一根铁丝条从小口往猪体内来回捅几下，随后几个庄稼汉轮流对着小口使劲往猪的体内吹气，不一会儿猪就像一个大气球一样鼓胀起来，用细绳紧紧扎住猪蹄处小口。待大锅中的水烧热了，有人拿着刮刀开始退猪毛。我一直觉得，往猪体内吹气的人了不起，鼓起腮帮子，就像八音会上的唢呐把式一样，不一会就把体长一两米的大猪吹得浑圆。待猪开膛破肚扒出下水后，我和小伙伴们屁颠屁颠地撵在大人身后，为的就是从杀猪人手中要来猪尿泡。待猪尿泡抢到手，大家一哄散去，躲在一旁如大人退猪毛那般，憋足气涨红脸往猪尿泡中吹气，吹好后便用细线扎口耍将起来。一会当汽球牵着疯跑，一会当足球蹬来踢去。大家玩得脑门汗浸浸，即使满手腥臊味也不在乎。

大寒节气，临近年关的日程安排的满满，每家都在忙：扫房子、糊窗户、贴窗花……而外面集市上铺满了年画、春联、糖果、爆竹和各种年货，人头攒动，一派喜庆。大人小孩还会抽空赶紧找剃头匠理发，老话说："有钱没钱，剃头过年。"下一次理发，要等到二月二了呢。理完发，带着一身的清爽，准备写对联，好等着年三十张贴春联呢。

这春联可是有讲究的。在纸写春联之前，岁首新年、新旧交替时刻用的是"桃符"。桃符与春联是传统社会新年装饰门户的重要节物，它们都具有民俗信仰的意义。宋代王安石《元日》一诗为证："爆竹声中一岁除，春风送暖入屠苏，千门万户曈曈日，总把新桃换旧符。"桃符的新旧置换，昭示着时间的斗转星移，寒冬过去而新春来临。桃符，是家庭门户守护牌，它起源于古老的桃木崇拜。隋杜台卿所著《玉烛宝典》引《万典术》载："桃者，五行之精，厌伏邪气，剷百鬼，故作桃板著户，谓之仙木。"由此可见桃木属于具有厌邪制鬼的神奇灵力，故号称"仙木"。在先秦时代，人们就开始以桃木镂刻成人形，称为桃梗，以为守门的护卫。后来的神荼、郁垒的门神形象，很可能由此生发。桃木可以镂刻成偶人作为守护的神物，也可以在桃板上绘画、书写，作为佑护家室的符牌。宋人吕原明在《岁时杂记》中记载了桃符的形制："桃符之制，以薄木版长二三尺、大四五寸，上画神像、狻猊、白泽之属，下书左郁垒右神荼，或写春词，或书祝祷之语。岁旦则更之。"由此我们看出，自汉以来的"桃符"到宋代开始书写"春词"或"祝祷之语"。人们已不满足于原始的心理防御状态，而是以语言文字主动地表达迎春祈福的心愿。

随着时代的变迁，人们要表达的意愿越来越多，在桃符上的字也就越写越长，春词逐渐形成了对仗工整的吉祥联语。于是出现了春联这一新年门饰，最早的春联是写在桃符上的。相传出生于山西太原的五代后蜀国主孟昶是第一幅春联的作者，他在桃板上撰写了"新年纳余庆，嘉节号长春"的联语。开创了春联这一雅俗共赏的文学新体裁。《宋史·五行志》亦有："岁除日，命翰林为词题桃符，正旦置寝门左右。"新年桃符词需要翰林题写，可见对桃符上文辞的雅意有特别的要求，当然这是皇家的做派。普通人大约文辞工整即可。宋朝开始，在桃板上书写春联的风气，由皇宫扩展到民间，由此逐渐占据桃符的主导位置，这也是后人"春联者，即桃符也"说法的来源。

春联，从桃符图像文字到吉语联对，是新年春联出现的重要预演。春联的最初起源虽在唐末五代，但明朝之后，过年写贴纸质春联，已成为迎接新年的重要民俗。明人刘侗等所写的《帝京景物略》

中说："东风剪剪拂人低，巧撰春联户户齐。"年节中家家户户都要贴春联，并且一般讲究寓意吉祥，词语对仗工整。

过去从进入腊月开始，就有文人墨客在市场店铺的屋檐下，摆开桌案，名曰"书春"、"书红"、"借纸学书"、"点染年华"，一些读书人借给人书写春联，赚些润笔钱。现在的城市乡间，很难再见到这样的情景了。忙碌的人们只是在采办年货时，捎带买几幅现成的春联到除夕时张贴。这不仅缺少了"以吉语书门"的兴致，更少了一份新年来临时诗意栖居的温暖。记起小时候大年初一一早拜年时，挨家挨户进门先看春联。一家家走过，面对着大门上的对联评书写、品内容，一联联读过来，真是一种学习和长进，怀里揣满了新春第一天悦己愉人的喜悦。

旧时大寒时节，人们还要争相购买芝麻秸。因为"芝麻开花节节高"，到除夕夜，将将芝麻秸洒在行走的路上，供孩童踩碎，谐音吉祥意"踩岁"，同时以"碎""岁"谐音寓意"岁岁平安"，求得新年节好口彩。这也使得大寒驱凶迎祥的节日意味更加浓厚。

大寒节气全在为过年忙活，到了腊月三十万事齐备。腊月三十为除夕。除夕下午，都有祭祖的风俗，称为"辞年"。除夕祭祖是民间大祭，有宗祠的人家都要开祠，并且门联、门神、桃符均已焕然一新，还要点上大红色的蜡烛，然后全家人按长幼顺序拈香向祖宗祭拜。

旧时除夕之夜，人们要鸣放烟花爆竹，焚香燃纸，敬迎谒灶神，叫作"除夕安神"。入夜，堂屋、住室、灶下，灯烛通明，全家欢聚，围炉熬年、守岁。正是这样的一种文化传统，使得家家户户特别重视除夕节。古往今来莫不如此，在外的人不管多远也要在除夕赶回来与家人团圆，一起吃年夜饭。古人吃年夜饭时，桌上放一个烧得很旺的火炉，全家人围着火炉吃年夜饭，因此也叫"围炉"，寓意日子过得红火兴旺。年夜饭是一年中最丰盛的晚餐。因为一年之中大家都很忙，只有过年才能团聚在一起，所以特别重视除夕的团圆。

这样的传统至今生生不息。在世界各地，凡是有华人居住的地方，每到年终岁始，无不家人团聚，除夕吃团圆饭，贴对联，放炮仗，慎终追远，祭祖归宗，欢欢喜喜、热热闹闹地迎接新的一年。

近些年来，为了家家新年庆团圆，就有了"春运"这个说法。几亿人像候鸟一般，怀着回家过年与亲人团圆的喜悦，迁徙于浩浩荡荡的春运大军中，也使得"春运"上升到一个国家的行为。这缘于中国文化代代传承的亲情信仰，这也是世界上只有中国特有的壮观景象。

除夕是一年之终，子夜一过，便是一年之始。《史记·天官书·正义》说："正月旦岁之始，时之始，日之始，月之始，故云'四始'。""有始有终"是中华文化传承中一贯遵循的处事原则，这是我们中国人的讲究。

现在的除夕虽然不似过去严格按老规矩行事，但一家人团团圆圆吃年夜饭、礼敬长辈、勉励后生、看央视春晚则成了新年俗。除夕子夜迎新春，至暖是家人的团圆，至诚是家人的鼓励，这是人们心中永远的春天。

大寒过后，又是一个新的循环。四时运转，就是这般首尾相接，无穷无尽。人间温凉寒暑，身心俱在其中。从下一个十五日开始，便是立春。春天的大幕再次开启，万物开始生发，四季再次轮回，所有的日子将又一次踏上征程。

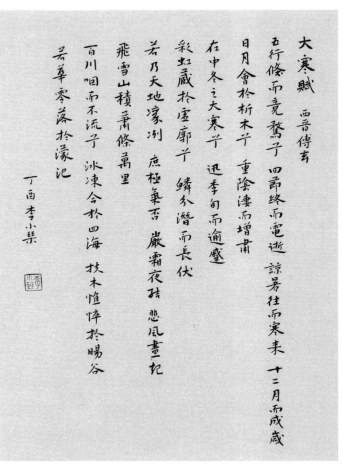

李小琴书

大寒赋 傅玄（西晋）

五行倏而竟骛兮，四节终而电逝，谅暑往而寒来，十二月而成岁。日月会于析木兮，重阴凄而增肃。在中冬之大寒兮，迅季旬而逾蹙。彩虹藏于虚廓兮，鳞介潜而长伏。若乃天地凛冽，庶极气否，严霜夜结，悲风昼起，飞雪山积，萧条万里。百川咽而不流兮，冰冻合于四海，扶木憔悴于旸谷，若华零落于蒙汜。

后记·以 2016 年为例

　　"感受时光·廿四节气文化品读"篇什能形成系列，实在是一个偶然。起初，只是为了给报纸专栏填版面而匆匆写下，并没有将其作为一个"有意为之"的事情来做。但是，应时应节写下几篇后，读者反响强烈，我的心里也就有了想法。于是，干脆按照这个思路写下去，在写作中一路捡拾我们的传统文化，这个过程于我而言，真是一次很好的学习。

　　整个系列历时一年，从 2016 年 2 月 4 日说"立春"开始，到 2017 年 1 月 20 日谈"大寒"结束，二十四节气说了一遍。一年下来"有始有终"做完了一件事，漫谈节气系列文章林林总总以近 13 万字的篇幅对二十四节气作了概括介绍。一年来，不少热心读者及时跟读节气文章，有人还为此写下评论文章，这对我是莫大的鼓励。

更令人欣喜的是，刚刚过去的 2016 年 11 月 30 日，世界庄严地给了中国节气一个加冕礼：联合国教科文组织保护非物质文化遗产政府间委员会正式通过决议，将"二十四节气——中国人通过观察太阳周年运动而形成的时间知识体系及其实践"列入世界级非遗名录。

这是我年初开始写作时所始料不及的。这里且允许我小小的骄傲一下：所写下的节气专栏文章无意间竟成了为中国的二十四节气鼓吹的传播自觉。这是对传统文化的呼唤，也是传统力量的回归。

把一年分为二十四个节气，是我国古代先民的一个独创，是对天文学的一个重大贡献。节气不单单用来指导农事，还是世代中国人生活方式、生存哲学的全部体现。中国人讲究天人合一，寻求与自然和谐共处。在长期的生产实践中，因为顺天应时，由此总结出了不可胜数的节气谚语，在四季轮回的生活中，因为禳灾祈福，又形成了丰富多彩的节气风俗，有的节气还成了重要节日，比如清明。漫长的岁月，节气民俗反映着人生，观照着生活，也感染着历代文人诗家，因此孕育出数不清的诗词歌赋，以及绘画、舞蹈、音乐等等。传统的二十四节气蕴涵着十分丰富的"节气文化"。

的确，节气涵纳的内容非常广泛，千百年传承下来的二十四节气，几乎涵盖了我们生产、生活的方方面面。我力图将"节气文化"的各个方面都有所涉及，试图给读者勾勒出一个个充满生活气息和情趣的立体节气，但由于笔力不逮和限于学识水平，只能将侧重点放在节气所涵盖的文化与民俗方面，即使如此也不免挂一漏万，还望大家不吝赐教。

《感受时光：廿四节气文化品读》在成书过程中，得到了不少师长朋友的相助。著名作家张石山老师得知我写下节气系列后，对传统文化深有研究并颇具心得的张老师主动为这册书作序，这令我非常感动；还有我书画界的朋友们，他们在极短时间内写书作画，从省内外将书画作品寄来作为书中插页，为这册书增添了更加浓厚的传统文化元素。在这里，我想真诚从心底说声：谢谢朋友们！是你们使这册书极大增色。感谢三晋出版社社长张继红先生和责任编辑张婷女士，是你们付出勤劳和心血才使这册书得以面世。

四季轮回，节气年年。在未来的日子里，让我们怀着对自然的敬畏和对季节的感恩，与时光共美，和岁月相处，享受愉悦身心的一个个好日子。

作者 2017 年 3 月

图书在版编目（CIP）数据

感受时光：廿四节气文化品读／狄赫丹著. --太原：三晋出版社，2017.8
ISBN 978-7-5457-1509-5

Ⅰ. ①感…　Ⅱ. ①狄…　Ⅲ. ①二十四节气-普及读物　Ⅳ. ①P462-49

中国版本图书馆 CIP 数据核字（2017）第 220764 号

感受时光：廿四节气文化品读

著　　者	：	狄赫丹
责任编辑	：	张　婷
责任印制	：	李佳音

出 版 者	：	山西出版传媒集团·三晋出版社（原山西古籍出版社）
地　　址	：	太原市建设南路 21 号
邮　　编	：	030012
电　　话	：	0351-4922268（发行中心）
		0351-4956036（总编室）
		0351-4922203（印制部）
网　　址	：	http：//www.sjcbs.cn

经 销 者	：	新华书店
承 印 者	：	山西人民印刷有限责任公司

开　　本	：	880mm×1230mm　1/32
印　　张	：	8.25
字　　数	：	170 千字
版　　次	：	2017 年 9 月　第 1 版
印　　次	：	2019 年 12 月　第 3 次印刷
书　　号	：	ISBN 978-7-5457-1509-5
定　　价	：	36.00 元

版权所有　翻印必究